农机三包规定实用指南

唐雪宇 彭彬 编著

机械工业出版社

《农业机械产品修理、更换、退货责任规定》（简称农机三包规定），是我国目前处理农机产品质量纠纷最常用的法律依据。本书结合《中华人民共和国消费者权益保护法》《中华人民共和国产品质量法》《中华人民共和国农业机械化促进法》以及《中华人民共和国民法典》等法律，将农机三包规定放在与之相关的法律体系中进行研究，总结出三包责任适用的前提条件，并提出处理农机产品质量投诉的正确思维方式，具有较强的指导性和实用性。同时，本书对农机三包规定重点条文进行了详细解读，特别是针对"农机产品三包责任"等难点内容，提炼出了一些记忆窍门和实用技巧，具有独创性和可操作性。

本书可作为国内各级农机质量投诉培训班的培训教材；也可作为农机质量投诉归口部门、农机生产企业和销售商相关人员的实用手册，用以指导日常的投诉处理工作；还可作为广大农机用户的维权指南，帮助其依法维护自身合法权益。

图书在版编目（CIP）数据

农机三包规定实用指南 / 唐雪宇，彭彬编著.

北京 ： 机械工业出版社，2025. 3. -- ISBN 978-7-111-77286-6

Ⅰ. S22-62

中国国家版本馆CIP数据核字第2025GV2066号

机械工业出版社（北京市百万庄大街22号　邮政编码100037）

策划编辑：张雁茹		责任编辑：张雁茹　范琳娜
责任校对：李　思　张　征		封面设计：张　静
责任印制：刘　媛		

涿州市般润文化传播有限公司印刷

2025年3月第1版第1次印刷

130mm×184mm · 3.875印张 · 63千字

标准书号：ISBN 978-7-111-77286-6

定价：29.80 元

电话服务	网络服务
客服电话：010-88361066	机 工 官 网：www.cmpbook.com
010-88379833	机 工 官 博：weibo.com/cmp1952
010-68326294	金 书 网：www.golden-book.com
封底无防伪标均为盗版	机工教育服务网：www.cmpedu.com

前　言

　　本书根据我国农机产品质量投诉现状编写而成。农机三包规定是目前处理农机产品质量投诉最常用的法律依据。近年来，编者在为相关单位举办的农机质量投诉培训班授课时发现，由于农机三包规定一直没有配套的释义，导致部分农机质量投诉受理人员和农机企业工作人员对其理解存在着盲区和共性问题，如习惯于记忆和套用条文，缺少法律层面的深入理解和有效运用等，不利于农机用户权益的保护。

　　本书将农机三包规定放在《中华人民共和国消费者权益保护法》《中华人民共和国产品质量法》《中华人民共和国农业机械化促进法》以及《中华人民共和国民法典》等法律组成的体系中进行研究，更全面地阐述其在法律体系中的地位和作用，与其他相关法律相互衔接和补充，并在此基础上总结出三包责任的适用前提，提出处理农机产品质量投诉的正确思维方式，具有较强的指导性和实用性。同时，本书对农机三包规定重点条文进行了详细解读，特别是针对"农机产品三包责任"等难点内容，提炼出了一些记忆窍门和实用技巧，具有独创性和可操作性。

　　本书在编写过程中，得到了业内的大力支持，在此一并表示感谢。我们相信，本书的出版，将会给农机质量投诉归口部门、农机生产企业、农机销售商和广大农机用户带来帮助。

　　由于时间仓促且编者水平有限，书中难免有疏漏之处，恳请广大读者批评指正。

编　者

目 录

前言

第一章

消费者权益保护法概述

第一节　消费者权益保护法的概念

一、消费和消费者

（一）消费

广义的消费分为生产消费和生活消费。生产消费，从严格意义上来讲不是消费，而是生产过程的一个环节。

狭义的消费仅指生活消费。消费者权益保护法中所称的"消费"就是生活消费，是指为个人或者家庭生活需要而消耗物质资料或者精神产品的行为和过程。生活消费的内涵是丰富的，既包括衣、食、住、行等生存型消费，也包括职业培训等发展型消费，还包括文化、旅游等精神或者休闲型消费。

（二）消费者

对于消费者的定义，各个国家和地区的立法不尽相同。结合我国当前的立法、司法实践以及学术界的观点，消费者是指为满足生活消费需要而购买、使用商品或者接受服务的自然人。

消费者有三个主要特征：第一，消费者是个人（自然人），不包括单位（法人或者非法人组织）；第二，消费者的消费性质是生活消费（排除以生产经营和职业活动为目的的消费），消费方式包括购买商品、使用商品和接受服务；第三，消费者是众多的广泛的并处于弱者地位的分散的个体，这是它最突出的一个特征。

根据上述定义和特征，我们可以得出结论：人人都是消费者。例如，妈妈为了喂食婴儿买来奶粉，那么作为奶粉这种商品的购买者和使用者，妈妈和婴儿都是消费者。

二、消费者权益保护法

（一）消费者权益保护法的定义

消费者权益保护法有广义与狭义之分。

广义的消费者权益保护法，是调整因消费者在购买、使用商品或者接受服务过程中而产生的社会关系的法律规范的总称。它是一系列法律规范的结合体，由《中华人民共和国消费者权益保护法》（以下简称《消费者权益保护法》）这部基本法和其他保护消费者相关权益的法律、法规、规章、标准以及司法解释等组成。《中华人民共和国产品质量法》（以下简称《产品质量法》）《中华人民共和国广告法》《中华人民共和国反不正当竞争法》《中华人民共和国食品安全法》《中华人民共和国旅游法》《中华人民共和国电子商务法》《中华人民共和国消费者权益保护法实施条例》和有关商品三包的规定，以及《中华人民共和国民法典》(以下简称《民法典》)中关于产品责任、《中华人民共和国刑法》中关于产品犯罪的法律条款等，都是广义的消费者权益保护法的组成部分。

狭义的消费者权益保护法，则专指《消费者权益保护法》这一部法律。《消费者权益保护法》于1993年制定，自1994年1月1日起施行，于2009年和2013年经历了两次修正。

（二）《消费者权益保护法》的基本特征

《消费者权益保护法》是一部对消费者给予倾斜性保护的法律，这是它最基本的特征。之所以要给予消费者倾斜性保护，主要是考虑到其弱者地位。如前所述，"消费者是众多的广泛的并处于弱者地位的分散的个体"。在消费关系中，从表面看，消费者和经营者是平等的民事主体；但实质上，二者的地位是不平等的——在经济实力、信息占有、产品知识和交易主动权等多个方面，消费者都处于明显的弱势地位。因此，法律不能像保护普通的民事主体一样对消费者进行平等的保护，而是应当给予其特殊的保护。

《消费者权益保护法》就是为倾斜保护消费者进行的专门立法，它赋予了消费者不同于普通民事主体的特殊权利，同时强制性地规定了经营者的义务。此外，在国家保护、争议解决和法律责任等方面，都体现了对消费者的倾斜性保护。例如，众所周知的"假一赔三"条款，就是很好的例证。在传统的民商法领域中，无论是违约责任还是侵权责任，对于受损一方承担的赔偿责任，主要以补偿损害为原则。假如违约方提供了不符合合同约定的假货，守约方有权主张解除合同，将假货退还给违约方，并且要求其返还货款。而如果这种情况发生在消费领域，则消费者除了要求经营者退还假货的货款以外，还有权要求其按照货款的三倍予以惩罚性赔偿。

第二节 《消费者权益保护法》的调整范围

由于《消费者权益保护法》是对消费者给予倾斜性保护的法律，因此，它成为最受老百姓欢迎的法律之一。当我们发生交易纠纷时，首先想到的就是依据《消费者权益保护法》来进行维权。但是，能否获得法律倾斜性的保护，需要判断双方的交易是否属于《消费者权益保护法》的调整范围。调整范围是《消费者权益保护法》的核心问题，可以从以下两个方面来理解：

一是消费者为生活消费需要购买、使用商品或者接受服务，适用本法。

《消费者权益保护法》第二条规定："消费者为生活消费需要购买、使用商品或者接受服务，其权益受本法保护；本法未作规定的，受其他有关法律、法规保护。"本条是关于本法调整范围的规定，即限定了消费者消费的性质应当是"生活消费"。

如前文所述，生活消费是指为个人或者家庭生活需要而消耗物质资料或者精神产品的行为和过程，包括生存型消费、发展型消费和休闲型消费，排除以生产经营和职业活动为目的的消费。例如，理发店老板为家里购买电冰箱是生活消费，其权益受《消费者权益保护法》保护；而理发店老板为店里购买洗发水则是生产经营消费，此时他只能运用《民法典》《产品质量法》等法律来维护权益和解决纠纷。

二是农民购买、使用直接用于农业生产的生产资料，参照适用本法。

《消费者权益保护法》第六十二条规定："农民购买、使用直接用于农业生产的生产资料，参照本法执行。"对于本条的理解应当把握以下要点：第一，基于农民的弱势主体地位和农业生产的特殊性，需要对农民进行特殊的保护。第二，由于此种情形从性质上讲属于生产消费而非生活消费，故不能直接适用本法，而只能参照适用。第三，参照适用本法的主体只能是农民，包括农民个人及其家庭、农村集体经济组织和农民专业合作经济组织等，不包括农业企业和其他从事农业生产经营的组织。第四，参照适用本法的客体必须是"直接用于农业生产"的生产资料，而不是农民消费的所有生产资料。例如，农民购买或者使用种子、化肥、农药、农膜、农机等进行农业生产，其权益参照适用《消费者权益保护法》来保护；而如果农民购买机器设备用于开办服装加工厂，则不能参照适用本法。

第二章

农机三包规定与消费者
权益保护法

第一节　农机三包规定与消费者
权益保护法的关系

一、农机三包规定概述

《农业机械产品修理、更换、退货责任规定》（以下简称农机三包规定），由原国家质量监督检验检疫总局、原国家工商行政管理总局、原农业部、工业和信息化部于 2010 年 3 月 13 日公布，自 2010 年 6 月 1 日起施行（1998 年 3 月 12 日发布的规定同时废止）。农机三包规定在法律效力位阶上属于部门规章。

二、农机三包规定属于广义的消费者权益保护法

从第一章中我们知道，农民购买、使用直接用于农业生产的生产资料，参照《消费者权益保护法》执行。因此，农民购买、使用农机产品的权益保护，属于参照《消费者权益保护法》适用的范畴。

《消费者权益保护法》第二十四条规定："经营者提供的商品或者服务不符合质量要求的，消费者

可以依照国家规定、当事人约定退货，或者要求经营者履行更换、修理等义务……依照前款规定进行退货、更换、修理的，经营者应当承担运输等必要费用。"本条是关于经营者承担退货、更换、修理等三包义务的规定。这里的"国家规定"，主要是指国家有关部门发布的有关商品三包的规定。截至目前，国家有关三包的规定一共涵盖了自行车、钟表、摩托车、电视机、微型计算机、移动电话机、家用汽车等23种生活消费品以及农业机械产品（以下简称农机产品）。

由此可以得知，农机三包规定与消费者权益保护法的关系是：农机三包规定属于广义的消费者权益保护法体系的组成部分。

综上所述，对于农机产品的质量纠纷，当农机用户是农民（包括农民个人及其家庭、农村集体经济组织和农民专业合作经济组织等，下同）时，可以适用《消费者权益保护法》《产品质量法》《民法典》以及农机三包规定等法律法规来解决。对于农民之外的其他农机用户，只能适用上述除《消费者权益保护法》之外的法律法规来维护权益和解决纠纷。

第二节 三包责任适用的前提条件

一、相关案例分析

(一)案例一

案情简介:

某省农机投诉部门接到某县工商部门转来的案件,7户农民集体投诉,称该县某农机经销点销售的某品牌耕整机存在多种质量问题,要求退货。

该省农机投诉部门会同农机检验部门和该县工商部门通过调查发现,该产品在此县共销售了146台。在接受调查的46台耕整机中,有28台存在不同的质量问题,占比60.9%。2台抽检样机经法定质检机构检验,均判定为不合格产品。这些产品普遍存在零部件强度低、整机装配质量差、传动箱密封性差、变速箱铸造质量差等问题,致使农民购买后出现扶手把断裂、机架断裂、变速箱漏油、轴承损坏、离合器打滑、发动机漏油、挂挡失灵等现象。出现问题后,三包服务又不及时,耽误了农时,给农民造成较大损失。

案例分析:

对于本案的处理,农机投诉部门是否应当依照农机三包规定,先确认涉案耕整机是否在三包有效期内，然后再进一步判断其是否符合免费修理、更换或者退货的条件？

答案是否定的。正确的处理方式，是依据《消费者权益保护法》直接要求经营者退货，理由如下：

《消费者权益保护法》第五十四条规定："依法经有关行政部门认定为不合格的商品，消费者要求退货的，经营者应当负责退货。"在本案中，涉案耕整机依法被认定为不合格产品，故经营者应当按照农民的要求退货。同时，还应当依法赔偿农民因此受到的损失。

另外，如果本案的经营者系故意将不合格产品冒充合格产品销售，则构成欺诈行为。依据《消费者权益保护法》第五十五条第一款规定（"经营者提供商品或者服务有欺诈行为的，应当按照消费者的要求增加赔偿其受到的损失，增加赔偿的金额为消费者购买商品的价款或者接受服务的费用的三倍……"），受欺诈的农民有权要求其承担"退一赔三"的惩罚性赔偿责任。

那么，为什么本案不能依照农机产品的三包责任来处理呢？

《产品质量法》第十二条规定："产品质量应当检验合格，不得以不合格产品冒充合格产品。"依据本条规定，产品在出厂前，都应当经过生产者的内部质量检验部门或者检验人员的检验，未经检验或者检验不合格的产品，不得出厂销售。因此，交付合格产品是经营者的法定义务。在交付合格产品的前提下，经营者还要保证在一定期限内，产品能够正常使用，这才是三包责任的应有之义。而如果产品是不合格的，则根本不能销售，更谈不上三包。

（二）案例二

案情简介：

2019年3月，消费者王女士在某奔驰4S店买了一辆价值66万元的新车。提车后，还未开出4S店大门，就发现发动机漏机油。她立即与4S店协商，要求退换车辆。但对方答复，根据汽车三包规定，这种情况只能更换发动机。王女士显然无法接受如此不合情理的解决方案，在多次协商无果后，4月11日，她坐在4S店奔驰车上哭诉维权的视频在网上曝光，引起社会各界广泛关注。

5月27日，当地市场监督管理部门（以下简称市场监管部门）公布了针对这起事件的调查结果：据鉴定，该车发动机漏机油是因为发动机缸体右侧破损。在发动机装配过程中，有一枚机油防溅板固定螺栓被遗落在内。当发动机高速运转时，其第二缸连杆大头撞击该遗落的螺栓，导致发动机缸体右侧被击破。结论是该车发动机存在装配质量缺陷。

本案最终以双方和解画上句号。经过多次协商，王女士与奔驰 4S 店达成和解协议，协议包括更换同款新车、赠送 10 年 VIP 服务、退还金融服务费以及支付交通补偿费用 1 万元等内容。

案例分析：

2019 年 4 月，奔驰车主维权案一经曝光，便在全国引发了热议。当时，很多人都把矛头指向了汽车三包规定，认为该规定不完善是导致此事件无法圆满解决的主要原因。那么这一事件是应该用三包责任来解决的问题吗？我们来分析一下。

一辆还未开出 4S 店大门就漏机油的新车，极有可能是不合格商品，甚至可能存在缺陷（有危及人身、财产安全的不合理的危险）。《产品质量法》第十二条规定："产品质量应当检验合格，不得以不合格产品冒充合格产品。"如果产品是不合格的，则根本不能销售，更谈不上三包。

后来，当地市场监管部门认定：该车发动机存在装配质量缺陷。也就是说，涉案车辆属于缺陷商品，缺陷商品当然是不合格的商品。因此，依据《消费者权益保护法》第五十四条规定（"依法经有关行政部门认定为不合格的商品，消费者要求退货的，经营者应当负责退货。"），奔驰 4S 店应当按照王女士的要求退车退款，而不能将汽车三包规定作为"挡箭牌"来推卸责任。

由于本案已经通过双方和解的方式解决，所以对于其处理结果以及经营者是否存在欺诈行为等问题，在此不作讨论。值得一提的是，在本案中作为"背锅侠"的汽车三包规定，因此被提上了修改日程。2021年7月22日，国家市场监督管理总局公布了新版家用汽车三包规定（全称为《家用汽车产品修理更换退货责任规定》），自2022年1月1日起施行。新版家用汽车三包规定进行了较大幅度的修改，加大了对消费者合法权益的保护力度，对经营者提出了更加严格的三包责任要求。

二、三包责任的适用前提

（一）交付合格商品是三包责任的适用前提

通过对上述两个案例的分析，我们可以得出结论：三包责任适用的前提条件是，商品在交付给消费者时是合格的。如果交付的是不合格的商品，则无论是否在三包有效期内，都可以依据相关法律规定要求经营者退货退款并赔偿损失。这一结论对所有商品都适用，而并非仅适用于农机产品和家用汽车产品。

（二）不合格商品的认定

《消费者权益保护法》第五十四条规定："依法经有关行政部门认定为不合格的商品，消费者要求退货的，经营者应当负责退货。"本条是关于不合格商品退货的规定。那么，不合格商品是如何认定的呢？

　　我们先来看不合格商品的认定标准。根据相关法律规定，合格商品（产品）应当同时具备以下条件：①必须符合保障人体健康和人身、财产安全的强制性国家标准、行业标准和地方标准，不存在危及人身、财产安全的不合理的危险；②符合生产者自行制定的有关产品质量的企业标准或技术要求，但该企业标准或技术要求不得与强制性国家标准、行业标准和地方标准相抵触，并应保证产品具备应当具备的使用性能；③对在产品买卖合同中约定了产品质量标准的，或者在产品或其包装上注明了所采用产品标准的，或者以产品说明、实物样品等方式表明了产品的质量状况的，应当符合相关的标准或质量状况。不合格商品（产品）是指不符合上述条件的商品（产品），可分为两类：一类是缺陷商品（产品），即存在危及人身、财产安全的不合理的危险；另一类是不具备应当具备的使用性能或者不符合明示质量状况但不存在缺陷的商品（产品）。

　　我们再来看不合格商品的认定主体。根据本条规定，认定商品不合格的主体为"有关行政部门"。各行政部门应当在其行政管理职责范围内对有关商品进行检测，认为不符合相关标准的，应当及时向社会公布。实践中，有些社会组织也会定期或者不定期向社会公布其对部分商品的检测结果，然而社会组织没有行政管理职责，不是本条中的行政部门，其检测结果不能作为消费者请求经营者退货的法定依据；但经营者自愿接受消费者退货的，不在此限。

（三）交付不合格商品的其他法律责任

理解《消费者权益保护法》第五十四条需要注意的是，消费者在使用不合格商品过程中人身、财产受到损失的，除可以依照本条规定要求经营者退货外，还可以根据本法其他规定要求经营者承担相应的民事责任。

例如，依据《消费者权益保护法》第四十条第二款规定（"消费者或者其他受害人因商品缺陷造成人身、财产损害的，可以向销售者要求赔偿，也可以向生产者要求赔偿。属于生产者责任的，销售者赔偿后，有权向生产者追偿。属于销售者责任的，生产者赔偿后，有权向销售者追偿。"），向销售者或者生产者要求赔偿损失。（《民法典》第一千二百零三条和《产品质量法》第四十三条也有类似的规定。）

再如，依据《消费者权益保护法》第五十五条第二款规定（"经营者明知商品或者服务存在缺陷，仍然向消费者提供，造成消费者或者其他受害人死亡或者健康严重损害的，受害人有权要求经营者依照本法第四十九条、第五十一条等法律规定赔偿损失，并有权要求所受损失二倍以下的惩罚性赔偿。"），向销售者或者生产者要求赔偿损失，还可在此基础上主张不超过所受损失二倍的惩罚性赔偿。

此外，经营者向消费者交付不合格商品，除承担相应的民事责任外，还要依据《产品质量法》第四十九条、第五十条等法律规定，承担行政责任甚至刑事责任。

三、处理农机产品质量投诉的正确思维方式

工作人员处理农机产品质量投诉的正确思维方式见图1。

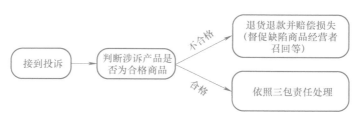

图1　处理农机产品质量投诉的正确思维方式

在接到投诉时，尤其是购买后短期内就出现比较严重的质量问题或者同一产品发生多起投诉时，

首先应当判断涉诉农机产品是否为合格商品。如果该产品依法经有关行政部门认定为不合格商品，则无论是否在三包有效期内，都可以依据相关法律规定，要求经营者退货退款并赔偿损失（对于缺陷商品，还应及时督促经营者依法采取召回等有效补救措施）；在排除了涉诉农机产品为不合格商品的可能性之后，再考虑依照农机三包规定的三包责任来处理。

第三章

农机三包规定重点条文解析

第一节　"总则"解析

第一条　【制定宗旨和依据】

第一条　为维护农业机械产品用户的合法权益，提高农业机械产品质量和售后服务质量，明确农业机械产品生产者、销售者、修理者的修理、更换、退货（以下简称为三包）责任，依照《中华人民共和国产品质量法》、《中华人民共和国农业机械化促进法》等有关法律法规，制定本规定。

【解析】

1. 本条是关于制定农机三包规定的宗旨和依据的规定。

2. 本规定所称农业机械产品用户（简称农机用户），是指为从事农业生产活动购买、使用农机产品的公民、法人和其他经济组织，包括农民个人及其家庭、农村集体经济组织、农民专业合作经济组织、农业企业和其他从事农业生产经营的组织。

3. 本规定所称生产者，是指生产、装配以及改装农机产品的企业。农机产品的供货商或者进口商视同生产者承担相应的三包责任。也就是说，从中华人民共和国境外进口农机产品到境内销售的企业，要承担本规定中生产者的义务和责任。

4. 本规定所称销售者，是指以其名义向农机用户直接交付农机产品并收取货款、开具购机发票的单位或者个人。生产者直接向农机用户销售农机产品的，视同本规定中的销售者，此时它要承担本规定中生产者和销售者的双重义务和责任。

5. 本规定所称修理者，是指与生产者或销售者订立代理修理合同，在三包有效期内，为农机用户提供农机产品维护、修理的单位或者个人。

第二条　【调整产品范围】

第二条　本规定所称农业机械产品（以下称农机产品），是指用于农业生产及其产品初加工等相关农事活动的机械、设备。

【解析】

1. 本条是关于调整产品范围的规定。

2. 本规定采用概括方式将所有现有和未来将出现的农机产品均纳入了调整范围，克服了旧版农机三包规定（1998 年 3 月 12 日发布）采用列举方式的弊端——未列入《农业机械产品目录》的农机产品三包责任不够具体和明确。

第四条 【三包责任由销售者承担】

第四条 农机产品实行谁销售谁负责三包的原则。

销售者承担三包责任，换货或退货后，属于生产者的责任的，可以依法向生产者追偿。

在三包有效期内，因修理者的过错造成他人损失的，依照有关法律和代理修理合同承担责任。

【解析】

1. 本条是关于三包责任由销售者承担的规定。

2. 销售者依照本规定承担三包责任后，属于生产者责任或者修理者责任的，销售者有权向生产者或者修理者追偿。

第五条 【承担三包责任的标准】

第五条 本规定是生产者、销售者、修理者向农机用户承担农机产品三包责任的基本要求。国家鼓励生产者、销售者、修理者做出更有利于维护农机用户合法权益的、严于本规定的三包责任承诺。

销售者与农机用户另有约定的，销售者的三包责任依照约定执行，但约定不得免除依照法律、法规以及本规定应当履行的义务。

【解析】

1. 本条是关于承担三包责任标准的规定。

2. 本规定及其附件中所列的期限、范围、要求等，是承担三包责任的基本要求即最低标准。国家鼓励经营者作出更高标准、更有利于保护农机用户合法权益的三包承诺。承诺一经作出，应当依法履行。

3. 销售者可以与部分农机用户订立合同约定三包责任的承担，但约定不得侵害农机用户合法权益，不得免除或者减轻自身依法依规应当履行的义务。

第二节　"生产者的义务"解析

第七条　【产品质量保证义务】

第七条　生产者应当建立农机产品出厂记录制度，严格执行出厂检验制度，未经检验合格的农机产品，不得销售。

依法实施生产许可证管理或强制性产品认证管理的农机产品，应当获得生产许可证证书或认证证书并施加生产许可证标志或认证标志。

【解析】

1. 本条是关于生产者应当依法采取措施保证产品质量的规定。

2. 产品在出厂前，应当经过生产者的内部质量检验部门或者检验人员的检验，未经检验或者检验不合格的产品，不得出厂销售。如果销售了不合格的产品，不能按照三包责任来处理，而是应当依据相关法律规定承担退货退款并赔偿损失等民事责任，同时还要受到相应的行政处罚。构成犯罪的，依法追究刑事责任。

3. 据编者统计，截至目前：

（1）所有农机产品均已不再实施生产许可证管理（在 2019 年发布的《国务院关于调整工业产品生产许可证管理目录加强事中事后监管的决定》中，内燃机作为当时仅存的 1 种实施生产许可证管理的农机产品被取消）。

（2）依据国家市场监督管理总局 2023 年第 36 号公告发布的《强制性产品认证目录描述与界定表（2023 年修订）》，当前实施强制性产品认证管理的农机产品只有两种：植物保护机械和轮式拖拉机（不包括手扶拖拉机）。

因此，本条第二款规定如今可以解读为：植物保护机械和轮式拖拉机这两种农机产品，应当获得强制性产品认证证书，并施加认证标志。

第八条　【配备随机文件义务】

第八条　农机产品应当具有产品合格证、产品使用说明书、产品三包凭证等随机文件：

（一）产品使用说明书应当按照农业机械使用说明书编写规则的国家标准或行业标准规定的要求编写，并应列出该机中易损件的名称、规格、型号；产品所具有的使用性能、安全性能，未列入国家标准的，其适用范围、技术性能指标、工作条件、工作环境、安全操作要求、警示标志或说明应当在使用说明书中明确；

（二）有关工具、附件、备件等随附物品的清单；

（三）农机产品三包凭证应当包括以下内容：产品品牌、型号规格、生产日期、购买日期、产品编号，生产者的名称、联系地址和电话，已经指定销售者、修理者的，应当注明名称、联系地址、电话、三包项目、三包有效期、销售记录、修理记录和按照本规定第二十四条规定应当明示的内容等相关信息；销售记录应当包括销售者、销售地点、销售日期和购机发票号码等项目；修理记录应当包括送修时间、交货时间、送修故障、修理情况、换退货证明等项目。

【解析】

1. 本条是关于生产者配备随机文件义务的规定。

2. 农机产品随机文件包括但不限于：产品合格证、产品使用说明书、产品三包凭证、随附物品清单。

3. "按照本规定第二十四条规定应当明示的内容"是指：农机产品的整机三包有效期，主要部件或系统的名称及其质量保证期，以及质量保证期达不到整机三包有效期的易损件和其他零部件所属的部件或系统的名称及其质量保证期等。

第三节 "销售者的义务"解析

第十二条 【进货检查验收义务】

第十二条 销售者应当执行进货检查验收制度，严格审验生产者的经营资格，仔细验明农机产品合格证明、产品标识、产品使用说明书和三包凭证。对实施生产许可证管理、强制性产品认证管理的农机产品，应当验明生产许可证证书和生产许可证标志、认证证书和认证标志。

【解析】

1. 本条是关于销售者进货检查验收义务的规定。

2. "进货检查验收制度"是《产品质量法》中规定的销售者的义务，是销售者与生产者或者供货者根据合同的约定，检查、验明供应产品质量，分清双方责任的一项重要手段。本条根据农机产品的特点和需要，对这项制度进行了细化。

3. 如前所述，截至目前，所有农机产品均已不再实施生产许可证管理，实施强制性产品认证管理的农机产品只有两种：植物保护机械和轮式拖拉机（不包括手扶拖拉机）。

因此，对于植物保护机械和轮式拖拉机，销售者还应当验明强制性产品认证证书和认证标志。

第十三条　【建立销售记录义务及告知义务】

第十三条　销售者销售农机产品时，应当建立销售记录制度，并按照农机产品使用说明书告知以下内容：

（一）农机产品的用途、适用范围、性能等；

（二）农机产品主机与机具间的正确配置；

（三）农机产品已行驶的里程或已工作时间及使用的状况。

【解析】

1. 本条是关于销售者建立销售记录义务及告知义务的规定。

2. 经营者履行告知义务是对消费者知情权的保障，而知情权是消费者消费的前提。因此，销售者依照本条规定真实全面地向农机用户告知相关内容至关重要，否则就要承担相应的法律后果。

例如，依据本规定第三十二条，销售者未明确告知农机产品的适用范围而导致农机产品不能正常作业的，农机用户在农机产品购机的第一个作业季开始 30 日内可以选择退货，销售者必须按照购机发票金额全价退款。

再如，如果销售者对于农机产品的用途、适用范围、性能、已行驶里程或已工作时间及使用的状况等，存在故意告知虚假情况或者故意隐瞒真实情况的，则构成欺诈行为，受欺诈的农机用户有权依据《消费者权益保护法》第五十五条第一款规定，要求销售者承担"退一赔三"的惩罚性赔偿责任。

第四节　"修理者的义务"解析

第二十条　【规范填写修理记录义务】

第二十条　修理者应当完整、真实、清晰

地填写修理记录。修理记录内容应当包括送修时间、送修故障、检查结果、故障原因分析、维护和修理项目、材料费和工时费，以及运输费、农机用户签名等；有行驶里程的，应当注明。

【解析】

1. 本条是关于修理者应当完整、真实、清晰地填写修理记录的规定。

2. 修理记录是农机用户要求更换农机产品主要部件或系统、更换整机或者退货的重要凭据，因此修理者必须严格按照要求填写，尤其是送修时间、送修故障、检查结果和故障原因分析等重要内容，应当准确无误。

3. 修理记录必须经农机用户签名确认。

第五节　"农机产品三包责任"解析

农机产品三包责任是本规定中最重要的部分，所以我们将对本部分内容进行逐条详细解析。

第二十四条　【三包有效期】

第二十四条　农机产品的三包有效期自销

售者开具购机发票之日起计算，三包有效期包括整机三包有效期，主要部件质量保证期，易损件和其它零部件的质量保证期。

内燃机、拖拉机、联合收割机、插秧机的整机三包有效期及其主要部件的质量保证期应当不少于本规定附件1规定的时间。内燃机单机作为商品出售给农机用户的，计为整机，其包含的主要零部件由生产者明示在三包凭证上。拖拉机、联合收割机、插秧机的主要部件由生产者明示在三包凭证上。

其他农机产品的整机三包有效期及其主要部件或系统的名称和质量保证期，由生产者明示在三包凭证上，且有效期不得少于一年。

内燃机作为农机产品配套动力的，其三包有效期和主要部件的质量保证期按农机产品的整机的三包有效期和主要部件质量保证期执行。

农机产品的易损件及其它零部件的质量保证期达不到整机三包有效期的，其所属的部件或系统的名称和合理的质量保证期由生产者明示在三包凭证上。

【解析】

1. 本条是关于农机产品三包有效期的含义和要求的规定。

2. 农机产品三包有效期包括 3 项内容：

（1）整机三包有效期。

（2）主要部件质量保证期。

（3）易损件和其它零部件的质量保证期。

◆记忆小窍门◆：可以按照"1 个三包有效期＋2 个质量保证期"来帮助记忆。

3. 三包有效期的起算时间：销售者开具购机发票之日。

4. 本规定附件 1 为《内燃机、拖拉机、联合收割机、插秧机整机的三包有效期以及主要部件的名称、质量保证期》，是这 4 种农机产品三包责任的最低标准。

◆记忆小窍门◆：编者对附件 1 中所列的 8 组三包有效期数据进行了梳理（见表 1），发现存在相同的规律，即"整机三包有效期 ×2＝主要部件质量保证期"。例如，四冲程汽油机的整机三包有效期和主要部件质量保证期分别为 6 个月和 1 年；小型拖拉机的整机三包有效期和主要部件质量保证期分别为 9 个月和 1.5 年。掌握了这条规律，我们只需记住整机三包有效期，然后即可推算出主要部件质量保证期。

表 1   梳理后的附件 1 所列的 8 组三包有效期数据

农机产品	整机三包有效期	主要部件质量保证期
二冲程汽油机	3 个月	6 个月
四冲程汽油机	6 个月	1 年
单缸柴油机	9 个月	1.5 年
多缸柴油机	1 年	2 年
小型拖拉机	9 个月	1.5 年
大、中型拖拉机	1 年	2 年
联合收割机	1 年	2 年
插秧机	1 年	2 年

5. 内燃机、拖拉机、联合收割机、插秧机实际执行的整机三包有效期及其主要部件的质量保证期应当长于或者等于附件 1 规定的时间，主要部件的范围应当大于或者等于附件 1 规定的范围，并由生产者明示在三包凭证上。

6. 其他农机产品的整机三包有效期不得少于 1 年。

综上可以得出结论：除汽油机、单缸柴油机和小型拖拉机之外的所有农机产品，整机三包有效期均不得少于 1 年。

7. 三包有效期的计算，需要把握两点：

（1）三包有效期一般按照年、月计算，到期月的对应日为最后一日；没有对应日的，月末日为最后一日。

（2）三包有效期的最后一日是法定休假日（即非工作日，包括法定节假日、节假日调休的工作日以及正常休息的星期六和星期日，下同）的，以法定休假日结束的次日为最后一日。

例：某农户购买了一台小型拖拉机（整机三包有效期为9个月），于2023年5月30日开具购机发票，请问其三包有效期截止到哪一天？

答：2024年2月29日。

计算过程：起算日期为开具购机发票之日（2023年5月30日）。第一步，到期月为2023年5月加上9个月即2024年2月，2月没有对应日30日，以月末日29日（2024年为闰年，2月有29天）为最后一日。第二步，查询日历得知，2024年2月29日不是法定休假日，因此这一天即为三包有效期的截止日期。

第二十五条 【三包凭证发生特殊情况的处理】

第二十五条 农机用户丢失三包凭证，但能证明其所购农机产品在三包有效期内的，可以向销售者申请补办三包凭证，并依照本规定继续享受有关权利。销售者应当在接到农机用户申请后10个工作日内予以补办。销售者、生产者、修理者不得拒绝承担三包责任。

　　由于销售者的原因，购机发票或三包凭证上的农机产品品牌、型号等与要求三包的农机产品不符的，销售者不得拒绝履行三包责任。

　　在三包有效期内发生所有权转移的，三包凭证和购机发票随之转移，农机用户凭原始三包凭证和购机发票继续享有三包权利。

【解析】

　　1. 本条是关于农机产品三包凭证丢失、与产品不符以及所有权转移情况下如何处理的规定。

　　2. 本条中的"农机用户丢失三包凭证，但能证明其所购农机产品在三包有效期内"，是指用户丢失了三包凭证，但是可以提供证明产品仍在三包期内的证据（如发票及其扫描件或其他复制件、由农用运输车和拖拉机牌照可以查到的产品购买日期等）。

　　此种情况下，农机用户可以申请补办三包凭证。销售者应当在接到申请后10个工作日（并非10日）内予以补办。

第二十六条　【三包责任的概括性规定】

　　第二十六条　三包有效期内，农机产品出现质量问题，农机用户凭三包凭证在指定的或者约定的修理者处进行免费修理，维修产生的工时费、材料费及合理的运输费等由三包责任人承担；符合本规定换货、退货条件，农机用户要求换货、退货的，凭三包凭证、修理记录、购机发票更换、退货；因质量问题给农机用户造成损失的，销售者应当依法负责赔偿相应的损失。

【解析】

1. 本条是关于农机产品三包责任的概括性规定。

2. 概括来讲，农机产品三包责任包含如下内容：

（1）在三包有效期内，产品出现质量问题，免费修理（不收任何费用）。

（2）符合本规定换货、退货条件的，免费更换、退货。

（3）造成损失的，依法赔偿损失。

3. 本规定所称质量问题，是指在合理使用的情况下，农机产品的使用性能不符合产品使用说明中明示的状况；或者农机产品不具备应当具备的使用性能；或者农机产品不符合生产者在农机或其包装上注明执行的产品标准。

需要注意的是，这里的"质量问题"不包括缺陷（即产品存在危及人身、财产安全的不合理的危险）。如果发现农机产品存在缺陷，应当依据《消费者权益保护法》第十九条、第三十三条第二款、第四十条第二款、第五十五条第二款以及《产品质量法》第四十一条至第四十五条等法律规定处理。

4. 本条中"相应的损失"，既包括农业生产损失，也包括其他损失。损失依法由销售者向农机用户赔偿（法律依据：《中华人民共和国农业机械化促进法》第十四条　农业机械产品不符合质量要求的，农业机械生产者、销售者应当负责修理、更换、退货；给农业机械使用者造成农业生产损失或者其他损失的，应当依法赔偿损失。农业机械使用者有权要求农业机械销售者先予赔偿。农业机械销售者赔偿后，属于农业机械生产者的责任的，农业机械销售者有权向农业机械生产者追偿）。

第二十七条　【修理期限】

第二十七条　三包有效期内，农机产品存在本规定范围的质量问题的，修理者一般应当自送修之日起 30 个工作日内完成修理工作，并保证正常使用。

【解析】

1. 本条是关于三包有效期内农机产品修理期限的规定。

2. 30个工作日内，包含第30个工作日当日。

第二十八条　【产品超期未修好的处理】

第二十八条　三包有效期内，送修的农机产品自送修之日起超过30个工作日未修好，农机用户可以选择继续修理或换货。要求换货的，销售者应当凭三包凭证、维护和修理记录、购机发票免费更换同型号同规格的产品。

【解析】

1. 本条是关于超过修理期限未修好的农机产品如何处理的规定。

2. 农机产品自送修之日起超过30个工作日未修好的，有两种处理方式供农机用户自行选择：

（1）要求继续修理。

（2）要求换货。

注意：修理和换货没有顺序之分，修理不是换货的必经程序。

3. 农机用户要求换货的，由销售者免费更换同型号同规格的产品，不得收取任何费用。

第二十九条 【更换主要部件或系统】

第二十九条　三包有效期内，农机产品因出现同一严重质量问题，累计修理 2 次后仍出现同一质量问题无法正常使用的；或农机产品购机的第一个作业季开始 30 日内，除因易损件外，农机产品因同一一般质量问题累计修理 2 次后，又出现同一质量问题的，农机用户可以凭三包凭证、维护和修理记录、购机发票，选择更换相关的主要部件或系统，由销售者负责免费更换。

【解析】

1. 本条是关于更换农机产品主要部件或系统的规定。

2. 符合更换主要部件或系统条件的情形有两种：

（1）三包有效期内，农机产品因出现同一严重质量问题，累计修理 2 次后仍出现同一质量问题无法正常使用（即三包有效期内同一严重质量问题累计出现了 3 次）。

（2）购机的第一个作业季开始 30 日内，除因易损件外，农机产品因同一一般质量问题累计修理 2 次后，又出现同一质量问题（即购机的第一个作业季开始 30 日内，同一一般质量问题累计出现了 3 次，不包括易损件的问题）。

3. 本规定所称严重质量问题，是指农机产品的重要性能严重下降，超过有关标准要求或明示的范围；或者农机产品主要部件报废或修理费用较高，必须更换的；或者正常使用的情况下农机产品自身出现故障影响人身安全。

内燃机、拖拉机、联合收割机、插秧机的严重质量问题，在本规定附件 2 中有明确规定。附件 2 所列举的严重质量问题，是承担三包责任的最低标准。这 4 种农机产品实际执行的严重质量问题的范围，应当大于或者等于附件 2 规定的范围，并由生产者明示在三包凭证上。

其他农机产品的严重质量问题，可参照附件 2 并根据产品特点确定。

4. 本规定所称一般质量问题，是指除严重质量问题以外的其他质量问题，包括易损件的质量问题，但不包括农机用户按照农机产品使用说明书的维修、保养、调整或检修方法能用随机工具可以排除的轻度故障。

5. 关于"购机的第一个作业季开始 30 日"的计算，应当把握以下两点：

（1）购机的第一个作业季开始的当日不计入，自下一日开始计算。

（2）最后一日是法定休假日的，以法定休假日结束的次日为最后一日。

例：2024 年 3 月 1 日，某农户购买了一台播种机。当年的作业季于 3 月 14 日开始。请问：该农户"购机的第一个作业季开始 30 日"截止到哪一天？

答：2024 年 4 月 15 日。

计算过程：第一步，购机的第一个作业季开始的当日 3 月 14 日不计入，自下一日 3 月 15 日开始计算，3 月 15 日加上 30 日即 4 月 13 日。第二步，查询日历得知，4 月 13 日是法定休假日（星期六），因此，以法定休假日结束的次日（星期一）4 月 15 日为截止日期（最后一日）。

6. 符合本条规定的两种情形的，农机用户可以要求更换相关的主要部件或系统（也可以选择继续修理）。要求更换主要部件或系统的，销售者应当免费更换，不得收取任何费用。

第三十条　【更换整机和退货】

第三十条　三包有效期内或农机产品购机的第一个作业季开始 30 日内，农机产品因本规定第二十九条的规定更换主要部件或系统后，又出现相同质量问题，农机用户可以选择换货，由销售者负责免费更换；换货后仍然出现相同质量问题的，农机用户可以选择退货，由销售者负责免费退货。

【解析】

1. 本条是关于更换整机和退货的规定。

2. 可以更换整机（换货）的情形：农机产品因第二十九条的规定更换主要部件或系统后，又出现相同质量问题（即三包有效期内同一严重质量问题累计出现了 4 次；或者购机的第一个作业季开始 30 日内，同一一般质量问题累计出现了 4 次，不包括易损件的问题）。

3. 可以退货的情形：依据本条规定换货后仍然出现相同质量问题（即三包有效期内同一严重质量问题累计出现了 5 次；或者购机的第一个作业季开始 30 日内，同一一般质量问题累计出现了 5 次，不包括易损件的问题）。

4. 换货或者退货均由销售者负责，且不得收取任何费用。

第三十一条　【更换和退货责任的要求】

第三十一条　三包有效期内，符合本规定更换主要部件的条件或换货条件的，销售者应当提供新的、合格的主要部件或整机产品，并更新三包凭证，更换后的主要部件的质量保证期或更换后的整机产品的三包有效期自更换之日起重新计算。

符合退货条件或因销售者无同型号同规格产品予以换货，农机用户要求退货的，销售者应当按照购机发票金额全价一次退清货款。

【解析】

1. 本条是关于农机产品更换和退货责任要求的规定。

2. 更换责任的要求：

（1）销售者应当提供新的、合格的主要部件或者整机产品，不得将修理过或者不合格的主要部件和产品调换给农机用户。

（2）更换的同时更新三包凭证，更换后的主要部件质量保证期或者更换后的整机产品的三包有效期自更换之日起重新计算。

3. 退货责任的要求：

（1）因无同型号同规格产品予以换货，农机用户要求退货的，销售者应当负责退货。

（2）无论哪种情形的退货，销售者均应当按照购机发票金额全价一次性退清货款，不得收取任何费用，不得分期或者拖延退款。

第三十二条　【未履行告知义务的退货】

第三十二条　因生产者、销售者未明确告知农机产品的适用范围而导致农机产品不能正常作业的，农机用户在农机产品购机的第一个作业季开始 30 日内可以凭三包凭证和购机发票选择退货，由销售者负责按照购机发票金额全价退款。

【解析】

1. 本条是关于经营者未履行告知义务而导致退货责任的规定。

2. 同时符合下列两个条件时，农机用户可以选择退货：

（1）因生产者未在使用说明书中明确产品的适用范围，或者销售者在销售时未明确告知产品的适用范围，导致农机产品不能正常作业；

（2）在农机产品购机的第一个作业季开始 30 日内。

3. 退货责任的要求：销售者按照购机发票金额全价退款。

例：某省牧民赵先生在网上购买了外省某机械厂生产销售的一款割草机，付款 1460 元。由于厂家在销售网页上对该产品的适用范围等表述不详细，导致割草机不适合当地环境而无法使用。赵先生与厂家客服人员电话沟通要求退货，厂方认为割草机没有质量问题，不同意退货。赵先生无奈向当地有关部门反映情况，工作人员依据本条规定进行调解，最终厂家为赵先生退货退款。

第三十三条　【修理期限的特殊规定】

第三十三条　整机三包有效期内，联合收割机、拖拉机、播种机、插秧机等产品在农忙作业季节出现质量问题的，在服务网点范围内，属于整机或主要部件的，修理者应当在接到报修后 3 日内予以排除；属于易损件或是其他零件的质量问题的，应当在接到报修后 1 日内予以排除。在服务网点范围外的，农忙季节出现的故障修理由销售者与农机用户协商。

国家鼓励农机产品生产者、销售者、修理者农忙时期开展现场的有关售后服务活动。

【解析】

1. 本条是关于农忙季节在整机三包有效期内的联合收割机、拖拉机、播种机、插秧机等农机产品修理期限的特殊规定。

2. 在服务网点范围内:

(1)属于整机或主要部件质量问题的,在接到报修后 3 日内予以排除。

(2)属于易损件或者其他零部件质量问题的,在接到报修后 1 日内予以排除。

3. 在服务网点范围外:由销售者与农机用户协商确定修理期限等事项。

第三十四条 【三包有效期的中止】

第三十四条 三包有效期内,销售者不履行三包义务的,或者农机产品需要进行质量检验或鉴定的,三包有效期自农机用户的请求之日起中止计算,三包有效期按照中止的天数延长;造成直接损失的,应当依法赔偿。

【解析】

1. 本条是关于农机产品三包有效期中止的规定。

2. 导致三包有效期中止的情形有两种:

(1)销售者不履行三包义务。

(2)农机产品需要进行质量检验或鉴定。

3. 三包有效期中止的结果:

(1)三包有效期自农机用户的请求之日起中止计算,按照中止的天数延长。

（2）造成直接损失的，销售者应当依法赔偿。直接损失包括农业生产损失或者其他损失（法律依据：《中华人民共和国农业机械化促进法》第十四条规定，农业机械产品不符合质量要求的，农业机械生产者、销售者应当负责修理、更换、退货；给农业机械使用者造成农业生产损失或者其他损失的，应当依法赔偿损失。农业机械使用者有权要求农业机械销售者先予赔偿。农业机械销售者赔偿后，属于农业机械生产者的责任的，农业机械销售者有权向农业机械生产者追偿）。

第六节　"责任免除"解析

第三十六条　【赠送的产品不免除三包责任】

> 第三十六条　赠送的农机产品，不得免除生产者、销售者和修理者依法应当承担的三包责任。

【解析】

1. 本条是关于赠送的农机产品不免除三包责任的规定。

2. 对于赠送的农机产品，经营者也要承担如下三包责任：

（1）在三包有效期内，产品出现质量问题，免费修理（不收任何费用）。

（2）符合本规定换货、退货条件的，免费更换、退货。

（3）造成损失的，依法赔偿损失。

第三十七条 【三包责任的完全免除】

第三十七条　销售者、生产者、修理者能够证明发生下列情况之一的，不承担三包责任：

（一）农机用户无法证明该农机产品在三包有效期内的；

（二）产品超出三包有效期的。

【解析】

1. 本条是关于农机产品三包责任完全免除的规定。

2. 在本条所列的两种情况下，经营者对农机产品不需承担三包责任。

第三十八条 【三包责任的部分免除】

第三十八条　销售者、生产者、修理者能够证明发生下列情况之一的，对于所涉及部分，不承担三包责任：

（一）因未按照使用说明书要求正确使用、维护，造成损坏的；

（二）使用说明书中明示不得改装、拆卸，而自行改装、拆卸改变机器性能或者造成损坏的；

（三）发生故障后，农机用户自行处置不当造成对故障原因无法做出技术鉴定的；

（四）因非产品质量原因发生其他人为损坏的；

（五）因不可抗力造成损坏的。

【解析】

1. 本条是关于农机产品三包责任部分免除的规定。

2. 在本条所列的 5 种情况下，经营者仅对于农机产品所涉及部分，不承担三包责任。

例如，因拖拉机用户未按照使用说明书要求正确使用、维护，造成内燃机机体损坏的，仅免除对内燃机机体的三包责任。

3. "不可抗力"，是指不能预见、不能避免且不能克服的客观情况。例如，地震、海啸、战争等。

第七节　"争议处理"解析

第三十九条　【行政部门的行政监管职责分工】

第三十九条　产品质量监督部门、工商行政管理部门、农业机械化主管部门应当认真履行三包有关质量问题监管职责。

生产者未按照本规定第二十四条履行明示义务的，或通过明示内容有意规避责任的，由产品质量监督部门依法予以处理。

销售者未按照本规定履行三包义务的，由工商行政管理部门依法予以处理。

维修者未按照本规定履行三包义务的，由农业机械化主管部门依法予以处理。

【解析】

1. 本条是关于行政部门对农机产品三包的行政监管职责分工的规定。

2. 机构改革后，产品质量监督部门和工商行政管理部门等已合并为市场监督管理部门。

因此，在现阶段，生产者、销售者未按照本规定履行三包义务的，均由市场监督管理部门依法予以处理。

第四十条　【协商和调解】

第四十条　农机用户因三包责任问题与销售者、生产者、修理者发生纠纷的，可以按照公平、诚实、信用的原则进行协商解决。

协商不能解决的，农机用户可以向当地工商行政管理部门、产品质量监督部门或者农业机械化主管部门设立的投诉机构进行投诉，或者依法向消费者权益保护组织等反映情况，当事人要求调解的，可以调解解决。

【解析】

1. 本条是关于通过协商或者调解来解决三包纠纷的规定。

2. 因三包责任发生纠纷的，农机用户与经营者可以先通过协商的方式解决；协商不能解决的，农机用户可以向当地市场监督管理部门或者农业机械化主管部门设立的投诉机构进行投诉，农民还可向消费者权益保护组织请求调解。

需要注意的是，对于农机质量问题和纠纷，市场监管部门和农机化主管部门虽然在行政监管职责方面有所侧重和分工，但是都有受理投诉的职责。

第四十一条　【仲裁和诉讼】

第四十一条　因三包责任问题协商或调解不成的，农机用户可以依照《中华人民共和国仲裁法》的规定申请仲裁，也可以直接向人民法院起诉。

【解析】

1. 本条是关于通过仲裁或者诉讼来解决三包纠纷的规定。

2. 申请仲裁的前提是：当事人双方均同意将纠纷通过仲裁方式解决，并且达成仲裁协议。在此基础上，由仲裁机构按法定程序作出裁决。仲裁裁决具有法律约束力，双方当事人必须履行，否则可以申请人民法院强制执行。

第四十二条　【质量检验或者鉴定】

第四十二条　需要进行质量检验或者鉴定的，农机用户可以委托依法取得资质的农机产品质量检验机构进行质量检验或者鉴定。

质量检验或者鉴定所需费用按照法律、法规的规定或者双方约定的办法解决。

【解析】

1. 本条是关于农机产品需要进行质量检验或者鉴定的情况的规定。

2. 根据本条规定，需要进行质量检验或者鉴定的，由农机用户委托质量检验机构来进行。然而，由于质量检验或者鉴定的费用比较高，启动程序也相对复杂，所以，农机用户尤其是农民往往会望而却步，从而放弃维权。

但是，《消费者权益保护法》第二十三条第三款规定："经营者提供的机动车、计算机、电视机、电冰箱、空调器、洗衣机等耐用商品或者装饰装修等服务，消费者自接受商品或者服务之日起六个月内发现瑕疵，发生争议的，由经营者承担有关瑕疵的举证责任。"本款是关于"瑕疵举证责任倒置制度"的规定，农机产品也适用该规定。因此，如果农机用户是农民，且三包纠纷是在购买农机之日起六个月内发生的，则农民可依据"瑕疵举证责任倒置制度"进行维权，要求经营者举证证明：该农机产品不存在质量问题。如果经营者无法完成相应的举证责任，则应依法承担产品存在质量问题的责任。这样可以有效解决农民鉴定难、举证难的问题。

附　录

附录 A　中华人民共和国消费者
权益保护法

（1993 年 10 月 31 日第八届全国人民代表大会常务委员会第四次会议通过　根据 2009 年 8 月 27 日第十一届全国人民代表大会常务委员会第十次会议《关于修改部分法律的决定》第一次修正　根据 2013 年 10 月 25 日第十二届全国人民代表大会常务委员会第五次会议《关于修改〈中华人民共和国消费者权益保护法〉的决定》第二次修正）

目录

第一章　总则

第一条　为保护消费者的合法权益，维护社会经济秩序，促进社会主义市场经济健康发展，制定本法。

　　第二条　消费者为生活消费需要购买、使用商品或者接受服务，其权益受本法保护；本法未作规定的，受其他有关法律、法规保护。

　　第三条　经营者为消费者提供其生产、销售的商品或者提供服务，应当遵守本法；本法未作规定的，应当遵守其他有关法律、法规。

　　第四条　经营者与消费者进行交易，应当遵循自愿、平等、公平、诚实信用的原则。

　　第五条　国家保护消费者的合法权益不受侵害。

　　国家采取措施，保障消费者依法行使权利，维护消费者的合法权益。

　　国家倡导文明、健康、节约资源和保护环境的消费方式，反对浪费。

　　第六条　保护消费者的合法权益是全社会的共同责任。

　　国家鼓励、支持一切组织和个人对损害消费者合法权益的行为进行社会监督。

　　大众传播媒介应当做好维护消费者合法权益的宣传，对损害消费者合法权益的行为进行舆论监督。

第二章　消费者的权利

第七条　消费者在购买、使用商品和接受服务时享有人身、财产安全不受损害的权利。

消费者有权要求经营者提供的商品和服务，符合保障人身、财产安全的要求。

第八条　消费者享有知悉其购买、使用的商品或者接受的服务的真实情况的权利。

消费者有权根据商品或者服务的不同情况，要求经营者提供商品的价格、产地、生产者、用途、性能、规格、等级、主要成份、生产日期、有效期限、检验合格证明、使用方法说明书、售后服务，或者服务的内容、规格、费用等有关情况。

第九条　消费者享有自主选择商品或者服务的权利。

消费者有权自主选择提供商品或者服务的经营者，自主选择商品品种或者服务方式，自主决定购买或者不购买任何一种商品、接受或者不接受任何一项服务。

消费者在自主选择商品或者服务时，有权进行比较、鉴别和挑选。

第十条　消费者享有公平交易的权利。

消费者在购买商品或者接受服务时，有权获得质量保障、价格合理、计量正确等公平交易条件，有权拒绝经营者的强制交易行为。

第十一条　消费者因购买、使用商品或者接受服务受到人身、财产损害的，享有依法获得赔偿的权利。

第十二条　消费者享有依法成立维护自身合法权益的社会组织的权利。

第十三条　消费者享有获得有关消费和消费者权益保护方面的知识的权利。

消费者应当努力掌握所需商品或者服务的知识和使用技能，正确使用商品，提高自我保护意识。

第十四条　消费者在购买、使用商品和接受服务时，享有人格尊严、民族风俗习惯得到尊重的权利，享有个人信息依法得到保护的权利。

第十五条　消费者享有对商品和服务以及保护消费者权益工作进行监督的权利。

消费者有权检举、控告侵害消费者权益的行为和国家机关及其工作人员在保护消费者权益工作中的违法失职行为，有权对保护消费者权益工作提出批评、建议。

第三章　经营者的义务

第十六条　经营者向消费者提供商品或者服务，应当依照本法和其他有关法律、法规的规定履行义务。

经营者和消费者有约定的，应当按照约定履行义务，但双方的约定不得违背法律、法规的规定。

经营者向消费者提供商品或者服务，应当恪守社会公德，诚信经营，保障消费者的合法权益；不得设定不公平、不合理的交易条件，不得强制交易。

第十七条　经营者应当听取消费者对其提供的商品或者服务的意见，接受消费者的监督。

第十八条　经营者应当保证其提供的商品或者服务符合保障人身、财产安全的要求。对可能危及人身、财产安全的商品和服务，应当向消费者作出真实的说明和明确的警示，并说明和标明正确使用商品或者接受服务的方法以及防止危害发生的方法。

宾馆、商场、餐馆、银行、机场、车站、港口、影剧院等经营场所的经营者，应当对消费者尽到安全保障义务。

第十九条　经营者发现其提供的商品或者服务存在缺陷，有危及人身、财产安全危险的，应当立即向有关行政部门报告和告知消费者，并采取停止销售、警示、召回、无害化处理、销毁、停止生产或者服务等措施。采取召回措施的，经营者应当承担消费者因商品被召回支出的必要费用。

第二十条　经营者向消费者提供有关商品或者

服务的质量、性能、用途、有效期限等信息，应当真实、全面，不得作虚假或者引人误解的宣传。

经营者对消费者就其提供的商品或者服务的质量和使用方法等问题提出的询问，应当作出真实、明确的答复。

经营者提供商品或者服务应当明码标价。

第二十一条　经营者应当标明其真实名称和标记。

租赁他人柜台或者场地的经营者，应当标明其真实名称和标记。

第二十二条　经营者提供商品或者服务，应当按照国家有关规定或者商业惯例向消费者出具发票等购货凭证或者服务单据；消费者索要发票等购货凭证或者服务单据的，经营者必须出具。

第二十三条　经营者应当保证在正常使用商品或者接受服务的情况下其提供的商品或者服务应当具有的质量、性能、用途和有效期限；但消费者在购买该商品或者接受该服务前已经知道其存在瑕疵，且存在该瑕疵不违反法律强制性规定的除外。

经营者以广告、产品说明、实物样品或者其他方式表明商品或者服务的质量状况的，应当保证其提供的商品或者服务的实际质量与表明的质量状况相符。

经营者提供的机动车、计算机、电视机、电冰箱、空调器、洗衣机等耐用商品或者装饰装修等服务，消费者自接受商品或者服务之日起六个月内发现瑕疵，发生争议的，由经营者承担有关瑕疵的举证责任。

第二十四条　经营者提供的商品或者服务不符合质量要求的，消费者可以依照国家规定、当事人约定退货，或者要求经营者履行更换、修理等义务。没有国家规定和当事人约定的，消费者可以自收到商品之日起七日内退货；七日后符合法定解除合同条件的，消费者可以及时退货，不符合法定解除合同条件的，可以要求经营者履行更换、修理等义务。

依照前款规定进行退货、更换、修理的，经营者应当承担运输等必要费用。

第二十五条　经营者采用网络、电视、电话、邮购等方式销售商品，消费者有权自收到商品之日起七日内退货，且无需说明理由，但下列商品除外：

（一）消费者定作的；

（二）鲜活易腐的；

（三）在线下载或者消费者拆封的音像制品、计算机软件等数字化商品；

（四）交付的报纸、期刊。

除前款所列商品外，其他根据商品性质并经消费者在购买时确认不宜退货的商品，不适用无理由退货。

消费者退货的商品应当完好。经营者应当自收到退回商品之日起七日内返还消费者支付的商品价款。退回商品的运费由消费者承担；经营者和消费者另有约定的，按照约定。

第二十六条　经营者在经营活动中使用格式条款的，应当以显著方式提请消费者注意商品或者服务的数量和质量、价款或者费用、履行期限和方式、安全注意事项和风险警示、售后服务、民事责任等与消费者有重大利害关系的内容，并按照消费者的要求予以说明。

经营者不得以格式条款、通知、声明、店堂告示等方式，作出排除或者限制消费者权利、减轻或者免除经营者责任、加重消费者责任等对消费者不公平、不合理的规定，不得利用格式条款并借助技术手段强制交易。

格式条款、通知、声明、店堂告示等含有前款所列内容的，其内容无效。

第二十七条　经营者不得对消费者进行侮辱、诽谤，不得搜查消费者的身体及其携带的物品，不得侵犯消费者的人身自由。

第二十八条　采用网络、电视、电话、邮购等方式提供商品或者服务的经营者，以及提供证券、保险、银行等金融服务的经营者，应当向消费者提供经营地址、联系方式、商品或者服务的数量和质量、价款或者费用、履行期限和方式、安全注意事项和风险警示、售后服务、民事责任等信息。

第二十九条 经营者收集、使用消费者个人信息，应当遵循合法、正当、必要的原则，明示收集、使用信息的目的、方式和范围，并经消费者同意。经营者收集、使用消费者个人信息，应当公开其收集、使用规则，不得违反法律、法规的规定和双方的约定收集、使用信息。

经营者及其工作人员对收集的消费者个人信息必须严格保密，不得泄露、出售或者非法向他人提供。经营者应当采取技术措施和其他必要措施，确保信息安全，防止消费者个人信息泄露、丢失。在发生或者可能发生信息泄露、丢失的情况时，应当立即采取补救措施。

经营者未经消费者同意或者请求，或者消费者明确表示拒绝的，不得向其发送商业性信息。

第四章 国家对消费者合法权益的保护

第三十条 国家制定有关消费者权益的法律、法规、规章和强制性标准，应当听取消费者和消费者协会等组织的意见。

第三十一条 各级人民政府应当加强领导，组织、协调、督促有关行政部门做好保护消费者合法权益的工作，落实保护消费者合法权益的职责。

各级人民政府应当加强监督，预防危害消费者人身、财产安全行为的发生，及时制止危害消费者人身、财产安全的行为。

第三十二条　各级人民政府工商行政管理部门和其他有关行政部门应当依照法律、法规的规定，在各自的职责范围内，采取措施，保护消费者的合法权益。

有关行政部门应当听取消费者和消费者协会等组织对经营者交易行为、商品和服务质量问题的意见，及时调查处理。

第三十三条　有关行政部门在各自的职责范围内，应当定期或者不定期对经营者提供的商品和服务进行抽查检验，并及时向社会公布抽查检验结果。

有关行政部门发现并认定经营者提供的商品或者服务存在缺陷，有危及人身、财产安全危险的，应当立即责令经营者采取停止销售、警示、召回、无害化处理、销毁、停止生产或者服务等措施。

第三十四条　有关国家机关应当依照法律、法规的规定，惩处经营者在提供商品和服务中侵害消费者合法权益的违法犯罪行为。

第三十五条　人民法院应当采取措施，方便消费者提起诉讼。对符合《中华人民共和国民事诉讼法》起诉条件的消费者权益争议，必须受理，及时审理。

第五章 消费者组织

第三十六条 消费者协会和其他消费者组织是依法成立的对商品和服务进行社会监督的保护消费者合法权益的社会组织。

第三十七条 消费者协会履行下列公益性职责：

（一）向消费者提供消费信息和咨询服务，提高消费者维护自身合法权益的能力，引导文明、健康、节约资源和保护环境的消费方式；

（二）参与制定有关消费者权益的法律、法规、规章和强制性标准；

（三）参与有关行政部门对商品和服务的监督、检查；

（四）就有关消费者合法权益的问题，向有关部门反映、查询，提出建议；

（五）受理消费者的投诉，并对投诉事项进行调查、调解；

（六）投诉事项涉及商品和服务质量问题的，可以委托具备资格的鉴定人鉴定，鉴定人应当告知鉴定意见；

（七）就损害消费者合法权益的行为，支持受损害的消费者提起诉讼或者依照本法提起诉讼；

（八）对损害消费者合法权益的行为，通过大众传播媒介予以揭露、批评。

各级人民政府对消费者协会履行职责应当予以必要的经费等支持。

消费者协会应当认真履行保护消费者合法权益的职责，听取消费者的意见和建议，接受社会监督。

依法成立的其他消费者组织依照法律、法规及其章程的规定，开展保护消费者合法权益的活动。

第三十八条　消费者组织不得从事商品经营和营利性服务，不得以收取费用或者其他牟取利益的方式向消费者推荐商品和服务。

第六章　争议的解决

第三十九条　消费者和经营者发生消费者权益争议的，可以通过下列途径解决：

（一）与经营者协商和解；

（二）请求消费者协会或者依法成立的其他调解组织调解；

（三）向有关行政部门投诉；

（四）根据与经营者达成的仲裁协议提请仲裁机构仲裁；

（五）向人民法院提起诉讼。

第四十条　消费者在购买、使用商品时，其合法权益受到损害的，可以向销售者要求赔偿。销售者赔偿后，属于生产者的责任或者属于向销售者提供商品的其他销售者的责任的，销售者有权向生产者或者其他销售者追偿。

消费者或者其他受害人因商品缺陷造成人身、财产损害的，可以向销售者要求赔偿，也可以向生产者要求赔偿。属于生产者责任的，销售者赔偿后，有权向生产者追偿。属于销售者责任的，生产者赔偿后，有权向销售者追偿。

消费者在接受服务时，其合法权益受到损害的，可以向服务者要求赔偿。

第四十一条　消费者在购买、使用商品或者接受服务时，其合法权益受到损害，因原企业分立、合并的，可以向变更后承受其权利义务的企业要求赔偿。

第四十二条　使用他人营业执照的违法经营者提供商品或者服务，损害消费者合法权益的，消费者可以向其要求赔偿，也可以向营业执照的持有人要求赔偿。

第四十三条　消费者在展销会、租赁柜台购买商品或者接受服务，其合法权益受到损害的，可以向销售者或者服务者要求赔偿。展销会结束或者柜台租赁期满后，也可以向展销会的举办者、柜台的出租者要求赔偿。展销会的举办者、柜台的出租者赔偿后，有权向销售者或者服务者追偿。

　　第四十四条　消费者通过网络交易平台购买商品或者接受服务，其合法权益受到损害的，可以向销售者或者服务者要求赔偿。网络交易平台提供者不能提供销售者或者服务者的真实名称、地址和有效联系方式的，消费者也可以向网络交易平台提供者要求赔偿；网络交易平台提供者作出更有利于消费者的承诺的，应当履行承诺。网络交易平台提供者赔偿后，有权向销售者或者服务者追偿。

　　网络交易平台提供者明知或者应知销售者或者服务者利用其平台侵害消费者合法权益，未采取必要措施的，依法与该销售者或者服务者承担连带责任。

　　第四十五条　消费者因经营者利用虚假广告或者其他虚假宣传方式提供商品或者服务，其合法权益受到损害的，可以向经营者要求赔偿。广告经营者、发布者发布虚假广告的，消费者可以请求行政主管部门予以惩处。广告经营者、发布者不能提供经营者的真实名称、地址和有效联系方式的，应当承担赔偿责任。

　　广告经营者、发布者设计、制作、发布关系消费者生命健康商品或者服务的虚假广告，造成消费者损害的，应当与提供该商品或者服务的经营者承担连带责任。

社会团体或者其他组织、个人在关系消费者生命健康商品或者服务的虚假广告或者其他虚假宣传中向消费者推荐商品或者服务，造成消费者损害的，应当与提供该商品或者服务的经营者承担连带责任。

第四十六条　消费者向有关行政部门投诉的，该部门应当自收到投诉之日起七个工作日内，予以处理并告知消费者。

第四十七条　对侵害众多消费者合法权益的行为，中国消费者协会以及在省、自治区、直辖市设立的消费者协会，可以向人民法院提起诉讼。

第七章　法律责任

第四十八条　经营者提供商品或者服务有下列情形之一的，除本法另有规定外，应当依照其他有关法律、法规的规定，承担民事责任：

（一）商品或者服务存在缺陷的；

（二）不具备商品应当具备的使用性能而出售时未作说明的；

（三）不符合在商品或者其包装上注明采用的商品标准的；

（四）不符合商品说明、实物样品等方式表明的质量状况的；

（五）生产国家明令淘汰的商品或者销售失效、

变质的商品的；

（六）销售的商品数量不足的；

（七）服务的内容和费用违反约定的；

（八）对消费者提出的修理、重作、更换、退货、补足商品数量、退还货款和服务费用或者赔偿损失的要求，故意拖延或者无理拒绝的；

（九）法律、法规规定的其他损害消费者权益的情形。

经营者对消费者未尽到安全保障义务，造成消费者损害的，应当承担侵权责任。

第四十九条 经营者提供商品或者服务，造成消费者或者其他受害人人身伤害的，应当赔偿医疗费、护理费、交通费等为治疗和康复支出的合理费用，以及因误工减少的收入。造成残疾的，还应当赔偿残疾生活辅助具费和残疾赔偿金。造成死亡的，还应当赔偿丧葬费和死亡赔偿金。

第五十条 经营者侵害消费者的人格尊严、侵犯消费者人身自由或者侵害消费者个人信息依法得到保护的权利的，应当停止侵害、恢复名誉、消除影响、赔礼道歉，并赔偿损失。

第五十一条 经营者有侮辱诽谤、搜查身体、侵犯人身自由等侵害消费者或者其他受害人人身权益的行为，造成严重精神损害的，受害人可以要求精神损害赔偿。

第五十二条　经营者提供商品或者服务，造成消费者财产损害的，应当依照法律规定或者当事人约定承担修理、重作、更换、退货、补足商品数量、退还货款和服务费用或者赔偿损失等民事责任。

第五十三条　经营者以预收款方式提供商品或者服务的，应当按照约定提供。未按照约定提供的，应当按照消费者的要求履行约定或者退回预付款；并应当承担预付款的利息、消费者必须支付的合理费用。

第五十四条　依法经有关行政部门认定为不合格的商品，消费者要求退货的，经营者应当负责退货。

第五十五条　经营者提供商品或者服务有欺诈行为的，应当按照消费者的要求增加赔偿其受到的损失，增加赔偿的金额为消费者购买商品的价款或者接受服务的费用的三倍；增加赔偿的金额不足五百元的，为五百元。法律另有规定的，依照其规定。

经营者明知商品或者服务存在缺陷，仍然向消费者提供，造成消费者或者其他受害人死亡或者健康严重损害的，受害人有权要求经营者依照本法第四十九条、第五十一条等法律规定赔偿损失，并有权要求所受损失二倍以下的惩罚性赔偿。

第五十六条　经营者有下列情形之一，除承担相应的民事责任外，其他有关法律、法规对处罚机关和处罚方式有规定的，依照法律、法规的规定执行；法律、法规未作规定的，由工商行政管理部门或者其他有关行政部门责令改正，可以根据情节单处或者并处警告、没收违法所得、处以违法所得一倍以上十倍以下的罚款，没有违法所得的，处以五十万元以下的罚款；情节严重的，责令停业整顿、吊销营业执照：

（一）提供的商品或者服务不符合保障人身、财产安全要求的；

（二）在商品中掺杂、掺假，以假充真，以次充好，或者以不合格商品冒充合格商品的；

（三）生产国家明令淘汰的商品或者销售失效、变质的商品的；

（四）伪造商品的产地，伪造或者冒用他人的厂名、厂址，篡改生产日期，伪造或者冒用认证标志等质量标志的；

（五）销售的商品应当检验、检疫而未检验、检疫或者伪造检验、检疫结果的；

（六）对商品或者服务作虚假或者引人误解的宣传的；

（七）拒绝或者拖延有关行政部门责令对缺陷商品或者服务采取停止销售、警示、召回、无害化处理、销毁、停止生产或者服务等措施的；

（八）对消费者提出的修理、重作、更换、退货、补足商品数量、退还货款和服务费用或者赔偿损失的要求，故意拖延或者无理拒绝的；

（九）侵害消费者人格尊严、侵犯消费者人身自由或者侵害消费者个人信息依法得到保护的权利的；

（十）法律、法规规定的对损害消费者权益应当予以处罚的其他情形。

经营者有前款规定情形的，除依照法律、法规规定予以处罚外，处罚机关应当记入信用档案，向社会公布。

第五十七条　经营者违反本法规定提供商品或者服务，侵害消费者合法权益，构成犯罪的，依法追究刑事责任。

第五十八条　经营者违反本法规定，应当承担民事赔偿责任和缴纳罚款、罚金，其财产不足以同时支付的，先承担民事赔偿责任。

第五十九条　经营者对行政处罚决定不服的，可以依法申请行政复议或者提起行政诉讼。

第六十条　以暴力、威胁等方法阻碍有关行政部门工作人员依法执行职务的，依法追究刑事责任；拒绝、阻碍有关行政部门工作人员依法执行职务，未使用暴力、威胁方法的，由公安机关依照

《中华人民共和国治安管理处罚法》的规定处罚。

第六十一条　国家机关工作人员玩忽职守或者包庇经营者侵害消费者合法权益的行为的，由其所在单位或者上级机关给予行政处分；情节严重，构成犯罪的，依法追究刑事责任。

第八章　附则

第六十二条　农民购买、使用直接用于农业生产的生产资料，参照本法执行。

第六十三条　本法自 1994 年 1 月 1 日起施行。

附录 B　中华人民共和国产品质量法

（1993 年 2 月 22 日第七届全国人民代表大会常务委员会第三十次会议通过　根据 2000 年 7 月 8 日第九届全国人民代表大会常务委员会第十六次会议《关于修改〈中华人民共和国产品质量法〉的决定》第一次修正　根据 2009 年 8 月 27 日第十一届全国人民代表大会常务委员会第十次会议《关于修改部分法律的决定》第二次修正　根据 2018 年 12 月 29 日第十三届全国人民代表大会常务委员会第七次会议《关于修改〈中华人民共和国产品质量法〉等五部法律的决定》第三次修正）

目录

第一章　总则

第一条　为了加强对产品质量的监督管理，提高产品质量水平，明确产品质量责任，保护消费者的合法权益，维护社会经济秩序，制定本法。

第二条　在中华人民共和国境内从事产品生产、销售活动，必须遵守本法。

本法所称产品是指经过加工、制作，用于销售的产品。

建设工程不适用本法规定；但是，建设工程使用的建筑材料、建筑构配件和设备，属于前款规定的产品范围的，适用本法规定。

第三条　生产者、销售者应当建立健全内部产品质量管理制度，严格实施岗位质量规范、质量责任以及相应的考核办法。

第四条 生产者、销售者依照本法规定承担产品质量责任。

第五条 禁止伪造或者冒用认证标志等质量标志；禁止伪造产品的产地，伪造或者冒用他人的厂名、厂址；禁止在生产、销售的产品中掺杂、掺假，以假充真，以次充好。

第六条 国家鼓励推行科学的质量管理方法，采用先进的科学技术，鼓励企业产品质量达到并且超过行业标准、国家标准和国际标准。

对产品质量管理先进和产品质量达到国际先进水平、成绩显著的单位和个人，给予奖励。

第七条 各级人民政府应当把提高产品质量纳入国民经济和社会发展规划，加强对产品质量工作的统筹规划和组织领导，引导、督促生产者、销售者加强产品质量管理，提高产品质量，组织各有关部门依法采取措施，制止产品生产、销售中违反本法规定的行为，保障本法的施行。

第八条 国务院市场监督管理部门主管全国产品质量监督工作。国务院有关部门在各自的职责范围内负责产品质量监督工作。

县级以上地方市场监督管理部门主管本行政区域内的产品质量监督工作。县级以上地方人民政府有关部门在各自的职责范围内负责产品质量监督工作。

法律对产品质量的监督部门另有规定的，依照有关法律的规定执行。

第九条　各级人民政府工作人员和其他国家机关工作人员不得滥用职权、玩忽职守或者徇私舞弊，包庇、放纵本地区、本系统发生的产品生产、销售中违反本法规定的行为，或者阻挠、干预依法对产品生产、销售中违反本法规定的行为进行查处。

各级地方人民政府和其他国家机关有包庇、放纵产品生产、销售中违反本法规定的行为的，依法追究其主要负责人的法律责任。

第十条　任何单位和个人有权对违反本法规定的行为，向市场监督管理部门或者其他有关部门检举。

市场监督管理部门和有关部门应当为检举人保密，并按照省、自治区、直辖市人民政府的规定给予奖励。

第十一条　任何单位和个人不得排斥非本地区或者非本系统企业生产的质量合格产品进入本地区、本系统。

第二章　产品质量的监督

第十二条　产品质量应当检验合格，不得以不合格产品冒充合格产品。

第十三条　可能危及人体健康和人身、财产安全的工业产品，必须符合保障人体健康和人身、财产安全的国家标准、行业标准；未制定国家标准、行业标准的，必须符合保障人体健康和人身、财产安全的要求。

禁止生产、销售不符合保障人体健康和人身、财产安全的标准和要求的工业产品。具体管理办法由国务院规定。

第十四条　国家根据国际通用的质量管理标准，推行企业质量体系认证制度。企业根据自愿原则可以向国务院市场监督管理部门认可的或者国务院市场监督管理部门授权的部门认可的认证机构申请企业质量体系认证。经认证合格的，由认证机构颁发企业质量体系认证证书。

国家参照国际先进的产品标准和技术要求，推行产品质量认证制度。企业根据自愿原则可以向国务院市场监督管理部门认可的或者国务院市场监督管理部门授权的部门认可的认证机构申请产品质量认证。经认证合格的，由认证机构颁发产品质量认证证书，准许企业在产品或者其包装上使用产品质量认证标志。

第十五条　国家对产品质量实行以抽查为主要方式的监督检查制度，对可能危及人体健康和人身、财产安全的产品，影响国计民生的重要工业产品以及消费者、有关组织反映有质量问题的产品进行抽查。抽查的样品应当在市场上或者企业成品仓库内的待销产品中随机抽取。监督抽查工作由国务院市场监督管理部门规划和组织。县级以上地方市场监督管理部门在本行政区域内也可以组织监督抽查。法律对产品质量的监督检查另有规定的，依照有关法律的规定执行。

国家监督抽查的产品，地方不得另行重复抽查；上级监督抽查的产品，下级不得另行重复抽查。

根据监督抽查的需要，可以对产品进行检验。检验抽取样品的数量不得超过检验的合理需要，并不得向被检查人收取检验费用。监督抽查所需检验费用按照国务院规定列支。

生产者、销售者对抽查检验的结果有异议的，可以自收到检验结果之日起十五日内向实施监督抽查的市场监督管理部门或者其上级市场监督管理部门申请复检，由受理复检的市场监督管理部门作出复检结论。

第十六条　对依法进行的产品质量监督检查，生产者、销售者不得拒绝。

第十七条　依照本法规定进行监督抽查的产品质量不合格的，由实施监督抽查的市场监督管理部门责令其生产者、销售者限期改正。逾期不改正的，由省级以上人民政府市场监督管理部门予以公告；公告后经复查仍不合格的，责令停业，限期整顿；整顿期满后经复查产品质量仍不合格的，吊销营业执照。

监督抽查的产品有严重质量问题的，依照本法第五章的有关规定处罚。

第十八条　县级以上市场监督管理部门根据已经取得的违法嫌疑证据或者举报，对涉嫌违反本法规定的行为进行查处时，可以行使下列职权：

（一）对当事人涉嫌从事违反本法的生产、销售活动的场所实施现场检查；

（二）向当事人的法定代表人、主要负责人和其他有关人员调查、了解与涉嫌从事违反本法的生产、销售活动有关的情况；

（三）查阅、复制当事人有关的合同、发票、帐簿以及其他有关资料；

（四）对有根据认为不符合保障人体健康和人身、财产安全的国家标准、行业标准的产品或者有其他严重质量问题的产品，以及直接用于生产、销售该项产品的原辅材料、包装物、生产工具，予以查封或者扣押。

第十九条　产品质量检验机构必须具备相应的检测条件和能力，经省级以上人民政府市场监督管理部门或者其授权的部门考核合格后，方可承担产品质量检验工作。法律、行政法规对产品质量检验机构另有规定的，依照有关法律、行政法规的规定执行。

第二十条　从事产品质量检验、认证的社会中介机构必须依法设立，不得与行政机关和其他国家机关存在隶属关系或者其他利益关系。

第二十一条　产品质量检验机构、认证机构必须依法按照有关标准，客观、公正地出具检验结果或者认证证明。

产品质量认证机构应当依照国家规定对准许使用认证标志的产品进行认证后的跟踪检查；对不符合认证标准而使用认证标志的，要求其改正；情节严重的，取消其使用认证标志的资格。

第二十二条　消费者有权就产品质量问题，向产品的生产者、销售者查询；向市场监督管理部门及有关部门申诉，接受申诉的部门应当负责处理。

第二十三条　保护消费者权益的社会组织可以就消费者反映的产品质量问题建议有关部门负责处理，支持消费者对因产品质量造成的损害向人民法院起诉。

第二十四条　国务院和省、自治区、直辖市人民政府的市场监督管理部门应当定期发布其监督抽查的产品的质量状况公告。

第二十五条　市场监督管理部门或者其他国家机关以及产品质量检验机构不得向社会推荐生产者

的产品；不得以对产品进行监制、监销等方式参与产品经营活动。

第三章　生产者、销售者的产品质量责任和义务

第一节　生产者的产品质量责任和义务

第二十六条　生产者应当对其生产的产品质量负责。

产品质量应当符合下列要求：

（一）不存在危及人身、财产安全的不合理的危险，有保障人体健康和人身、财产安全的国家标准、行业标准的，应当符合该标准；

（二）具备产品应当具备的使用性能，但是，对产品存在使用性能的瑕疵作出说明的除外；

（三）符合在产品或者其包装上注明采用的产品标准，符合以产品说明、实物样品等方式表明的质量状况。

第二十七条　产品或者其包装上的标识必须真实，并符合下列要求：

（一）有产品质量检验合格证明；

（二）有中文标明的产品名称、生产厂厂名和厂址；

（三）根据产品的特点和使用要求，需要标明产品规格、等级、所含主要成份的名称和含量的，用中文相应予以标明；需要事先让消费者知晓的，

应当在外包装上标明，或者预先向消费者提供有关资料；

（四）限期使用的产品，应当在显著位置清晰地标明生产日期和安全使用期或者失效日期；

（五）使用不当，容易造成产品本身损坏或者可能危及人身、财产安全的产品，应当有警示标志或者中文警示说明。

裸装的食品和其他根据产品的特点难以附加标识的裸装产品，可以不附加产品标识。

第二十八条 易碎、易燃、易爆、有毒、有腐蚀性、有放射性等危险物品以及储运中不能倒置和其他有特殊要求的产品，其包装质量必须符合相应要求，依照国家有关规定作出警示标志或者中文警示说明，标明储运注意事项。

第二十九条 生产者不得生产国家明令淘汰的产品。

第三十条 生产者不得伪造产地，不得伪造或者冒用他人的厂名、厂址。

第三十一条 生产者不得伪造或者冒用认证标志等质量标志。

第三十二条 生产者生产产品，不得掺杂、掺假，不得以假充真、以次充好，不得以不合格产品冒充合格产品。

第二节　销售者的产品质量责任和义务

第三十三条　销售者应当建立并执行进货检查验收制度，验明产品合格证明和其他标识。

第三十四条　销售者应当采取措施，保持销售产品的质量。

第三十五条　销售者不得销售国家明令淘汰并停止销售的产品和失效、变质的产品。

第三十六条　销售者销售的产品的标识应当符合本法第二十七条的规定。

第三十七条　销售者不得伪造产地，不得伪造或者冒用他人的厂名、厂址。

第三十八条　销售者不得伪造或者冒用认证标志等质量标志。

第三十九条　销售者销售产品，不得掺杂、掺假，不得以假充真、以次充好，不得以不合格产品冒充合格产品。

第四章　损害赔偿

第四十条　售出的产品有下列情形之一的，销售者应当负责修理、更换、退货；给购买产品的消费者造成损失的，销售者应当赔偿损失：

（一）不具备产品应当具备的使用性能而事先未作说明的；

（二）不符合在产品或者其包装上注明采用的

产品标准的；

（三）不符合以产品说明、实物样品等方式表明的质量状况的。

销售者依照前款规定负责修理、更换、退货、赔偿损失后，属于生产者的责任或者属于向销售者提供产品的其他销售者（以下简称供货者）的责任的，销售者有权向生产者、供货者追偿。

销售者未按照第一款规定给予修理、更换、退货或者赔偿损失的，由市场监督管理部门责令改正。

生产者之间，销售者之间，生产者与销售者之间订立的买卖合同、承揽合同有不同约定的，合同当事人按照合同约定执行。

第四十一条　因产品存在缺陷造成人身、缺陷产品以外的其他财产（以下简称他人财产）损害的，生产者应当承担赔偿责任。

生产者能够证明有下列情形之一的，不承担赔偿责任：

（一）未将产品投入流通的；

（二）产品投入流通时，引起损害的缺陷尚不存在的；

（三）将产品投入流通时的科学技术水平尚不能发现缺陷的存在的。

第四十二条　由于销售者的过错使产品存在缺

陷，造成人身、他人财产损害的，销售者应当承担赔偿责任。

销售者不能指明缺陷产品的生产者也不能指明缺陷产品的供货者的，销售者应当承担赔偿责任。

第四十三条　因产品存在缺陷造成人身、他人财产损害的，受害人可以向产品的生产者要求赔偿，也可以向产品的销售者要求赔偿。属于产品的生产者的责任，产品的销售者赔偿的，产品的销售者有权向产品的生产者追偿。属于产品的销售者的责任，产品的生产者赔偿的，产品的生产者有权向产品的销售者追偿。

第四十四条　因产品存在缺陷造成受害人人身伤害的，侵害人应当赔偿医疗费、治疗期间的护理费、因误工减少的收入等费用；造成残疾的，还应当支付残疾者生活自助具费、生活补助费、残疾赔偿金以及由其扶养的人所必需的生活费等费用；造成受害人死亡的，并应当支付丧葬费、死亡赔偿金以及由死者生前扶养的人所必需的生活费等费用。

因产品存在缺陷造成受害人财产损失的，侵害人应当恢复原状或者折价赔偿。受害人因此遭受其他重大损失的，侵害人应当赔偿损失。

第四十五条　因产品存在缺陷造成损害要求赔偿的诉讼时效期间为二年，自当事人知道或者应当知道其权益受到损害时起计算。

因产品存在缺陷造成损害要求赔偿的请求权，在造成损害的缺陷产品交付最初消费者满十年丧失；但是，尚未超过明示的安全使用期的除外。

第四十六条　本法所称缺陷，是指产品存在危及人身、他人财产安全的不合理的危险；产品有保障人体健康和人身、财产安全的国家标准、行业标准的，是指不符合该标准。

第四十七条　因产品质量发生民事纠纷时，当事人可以通过协商或者调解解决。当事人不愿通过协商、调解解决或者协商、调解不成的，可以根据当事人各方的协议向仲裁机构申请仲裁；当事人各方没有达成仲裁协议或者仲裁协议无效的，可以直接向人民法院起诉。

第四十八条　仲裁机构或者人民法院可以委托本法第十九条规定的产品质量检验机构，对有关产品质量进行检验。

第五章　罚则

第四十九条　生产、销售不符合保障人体健康和人身、财产安全的国家标准、行业标准的产品的，责令停止生产、销售，没收违法生产、销售的产品，并处违法生产、销售产品（包括已售出和未售出的产品，下同）货值金额等值以上三倍以下的罚款；有违法所得的，并处没收违法所得；情节严重的，吊销营业执照；构成犯罪的，依法追究刑事责任。

　　第五十条　在产品中掺杂、掺假，以假充真，以次充好，或者以不合格产品冒充合格产品的，责令停止生产、销售，没收违法生产、销售的产品，并处违法生产、销售产品货值金额百分之五十以上三倍以下的罚款；有违法所得的，并处没收违法所得；情节严重的，吊销营业执照；构成犯罪的，依法追究刑事责任。

　　第五十一条　生产国家明令淘汰的产品的，销售国家明令淘汰并停止销售的产品的，责令停止生产、销售，没收违法生产、销售的产品，并处违法生产、销售产品货值金额等值以下的罚款；有违法所得的，并处没收违法所得；情节严重的，吊销营业执照。

　　第五十二条　销售失效、变质的产品的，责令停止销售，没收违法销售的产品，并处违法销售产品货值金额二倍以下的罚款；有违法所得的，并处没收违法所得；情节严重的，吊销营业执照；构成犯罪的，依法追究刑事责任。

　　第五十三条　伪造产品产地的，伪造或者冒用他人厂名、厂址的，伪造或者冒用认证标志等质量标志的，责令改正，没收违法生产、销售的产品，并处违法生产、销售产品货值金额等值以下的罚款；有违法所得的，并处没收违法所得；情节严重的，吊销营业执照。

第五十四条　产品标识不符合本法第二十七条规定的，责令改正；有包装的产品标识不符合本法第二十七条第（四）项、第（五）项规定，情节严重的，责令停止生产、销售，并处违法生产、销售产品货值金额百分之三十以下的罚款；有违法所得的，并处没收违法所得。

第五十五条　销售者销售本法第四十九条至第五十三条规定禁止销售的产品，有充分证据证明其不知道该产品为禁止销售的产品并如实说明其进货来源的，可以从轻或者减轻处罚。

第五十六条　拒绝接受依法进行的产品质量监督检查的，给予警告，责令改正；拒不改正的，责令停业整顿；情节特别严重的，吊销营业执照。

第五十七条　产品质量检验机构、认证机构伪造检验结果或者出具虚假证明的，责令改正，对单位处五万元以上十万元以下的罚款，对直接负责的主管人员和其他直接责任人员处一万元以上五万元以下的罚款；有违法所得的，并处没收违法所得；情节严重的，取消其检验资格、认证资格；构成犯罪的，依法追究刑事责任。

产品质量检验机构、认证机构出具的检验结果或者证明不实，造成损失的，应当承担相应的赔偿责任；造成重大损失的，撤销其检验资格、认证资格。

产品质量认证机构违反本法第二十一条第二款的规定，对不符合认证标准而使用认证标志的产品，未依法要求其改正或者取消其使用认证标志资格的，对因产品不符合认证标准给消费者造成的损失，与产品的生产者、销售者承担连带责任；情节严重的，撤销其认证资格。

第五十八条　社会团体、社会中介机构对产品质量作出承诺、保证，而该产品又不符合其承诺、保证的质量要求，给消费者造成损失的，与产品的生产者、销售者承担连带责任。

第五十九条　在广告中对产品质量作虚假宣传，欺骗和误导消费者的，依照《中华人民共和国广告法》的规定追究法律责任。

第六十条　对生产者专门用于生产本法第四十九条、第五十一条所列的产品或者以假充真的产品的原辅材料、包装物、生产工具，应当予以没收。

第六十一条　知道或者应当知道属于本法规定禁止生产、销售的产品而为其提供运输、保管、仓储等便利条件的，或者为以假充真的产品提供制假生产技术的，没收全部运输、保管、仓储或者提供制假生产技术的收入，并处违法收入百分之五十以上三倍以下的罚款；构成犯罪的，依法追究刑事责任。

第六十二条　服务业的经营者将本法第四十九条至第五十二条规定禁止销售的产品用于经营性服务的，责令停止使用；对知道或者应当知道所使用的产品属于本法规定禁止销售的产品的，按照违法使用的产品（包括已使用和尚未使用的产品）的货值金额，依照本法对销售者的处罚规定处罚。

第六十三条　隐匿、转移、变卖、损毁被市场监督管理部门查封、扣押的物品的，处被隐匿、转移、变卖、损毁物品货值金额等值以上三倍以下的罚款；有违法所得的，并处没收违法所得。

第六十四条　违反本法规定，应当承担民事赔偿责任和缴纳罚款、罚金，其财产不足以同时支付时，先承担民事赔偿责任。

第六十五条　各级人民政府工作人员和其他国家机关工作人员有下列情形之一的，依法给予行政处分；构成犯罪的，依法追究刑事责任：

（一）包庇、放纵产品生产、销售中违反本法规定行为的；

（二）向从事违反本法规定的生产、销售活动的当事人通风报信，帮助其逃避查处的；

（三）阻挠、干预市场监督管理部门依法对产品生产、销售中违反本法规定的行为进行查处，造成严重后果的。

第六十六条　市场监督管理部门在产品质量监

督抽查中超过规定的数量索取样品或者向被检查人收取检验费用的，由上级市场监督管理部门或者监察机关责令退还；情节严重的，对直接负责的主管人员和其他直接责任人员依法给予行政处分。

第六十七条 市场监督管理部门或者其他国家机关违反本法第二十五条的规定，向社会推荐生产者的产品或者以监制、监销等方式参与产品经营活动的，由其上级机关或者监察机关责令改正，消除影响，有违法收入的予以没收；情节严重的，对直接负责的主管人员和其他直接责任人员依法给予行政处分。

产品质量检验机构有前款所列违法行为的，由市场监督管理部门责令改正，消除影响，有违法收入的予以没收，可以并处违法收入一倍以下的罚款；情节严重的，撤销其质量检验资格。

第六十八条 市场监督管理部门的工作人员滥用职权、玩忽职守、徇私舞弊，构成犯罪的，依法追究刑事责任；尚不构成犯罪的，依法给予行政处分。

第六十九条 以暴力、威胁方法阻碍市场监督管理部门的工作人员依法执行职务的，依法追究刑事责任；拒绝、阻碍未使用暴力、威胁方法的，由公安机关依照治安管理处罚法的规定处罚。

第七十条 本法第四十九条至第五十七条、

第六十条至第六十三条规定的行政处罚由市场监督管理部门决定。法律、行政法规对行使行政处罚权的机关另有规定的，依照有关法律、行政法规的规定执行。

第七十一条　对依照本法规定没收的产品，依照国家有关规定进行销毁或者采取其他方式处理。

第七十二条　本法第四十九条至第五十四条、第六十二条、第六十三条所规定的货值金额以违法生产、销售产品的标价计算；没有标价的，按照同类产品的市场价格计算。

第六章　附则

第七十三条　军工产品质量监督管理办法，由国务院、中央军事委员会另行制定。

因核设施、核产品造成损害的赔偿责任，法律、行政法规另有规定的，依照其规定。

第七十四条　本法自 1993 年 9 月 1 日起施行。

附录 C　农业机械产品修理、更换、退货责任规定

（2010 年 3 月 13 日国家质量监督检验检疫总局、国家工商行政管理总局、农业部、工业和信息化部第 126 号令公布，自 2010 年 6 月 1 日起施行）

目录

第一章　总则

第一条　为维护农业机械产品用户的合法权益，提高农业机械产品质量和售后服务质量，明确农业机械产品生产者、销售者、修理者的修理、更换、退货（以下简称为三包）责任，依照《中华人民共和国产品质量法》、《中华人民共和国农业机械化促进法》等有关法律法规，制定本规定。

第二条　本规定所称农业机械产品（以下称农机产品），是指用于农业生产及其产品初加工等相关农事活动的机械、设备。

第三条　在中华人民共和国境内从事农机产品的生产、销售、修理活动的，应当遵守本规定。

第四条　农机产品实行谁销售谁负责三包的原则。

销售者承担三包责任，换货或退货后，属于生产者的责任的，可以依法向生产者追偿。

在三包有效期内，因修理者的过错造成他人损失的，依照有关法律和代理修理合同承担责任。

第五条　本规定是生产者、销售者、修理者向农机用户承担农机产品三包责任的基本要求。国家鼓励生产者、销售者、修理者做出更有利于维护农机用户合法权益的、严于本规定的三包责任承诺。

销售者与农机用户另有约定的，销售者的三包责任依照约定执行，但约定不得免除依照法律、法规以及本规定应当履行的义务。

第六条　国务院工业主管部门负责制定并组织实施农业机械工业产业政策和有关规划。国务院产品质量监督部门、工商行政管理部门、农业机械化主管部门在各自职责范围内按照本规定的要求，根据生产者的三包凭证样本、产品使用说明书以及农机用户投诉等，建立信息披露制度，对生产者、销售者和修理者的三包承诺、农机用户集中反映的农机产品质量问题和服务质量问题向社会进行公布，督促生产者、销售者、修理者改进产品质量和服务质量。

第二章　生产者的义务

第七条　生产者应当建立农机产品出厂记录制

度，严格执行出厂检验制度，未经检验合格的农机产品，不得销售。

依法实施生产许可证管理或强制性产品认证管理的农机产品，应当获得生产许可证证书或认证证书并施加生产许可证标志或认证标志。

第八条　农机产品应当具有产品合格证、产品使用说明书、产品三包凭证等随机文件：

（一）产品使用说明书应当按照农业机械使用说明书编写规则的国家标准或行业标准规定的要求编写，并应列出该机中易损件的名称、规格、型号；产品所具有的使用性能、安全性能，未列入国家标准的，其适用范围、技术性能指标、工作条件、工作环境、安全操作要求、警示标志或说明应当在使用说明书中明确；

（二）有关工具、附件、备件等随附物品的清单；

（三）农机产品三包凭证应当包括以下内容：产品品牌、型号规格、生产日期、购买日期、产品编号，生产者的名称、联系地址和电话，已经指定销售者、修理者的，应当注明名称、联系地址、电话、三包项目、三包有效期、销售记录、修理记录和按照本规定第二十四条规定应当明示的内容等相关信息；销售记录应当包括销售者、销售地点、销售日期和购机发票号码等项目；修理记录应当包括送修时间、交货时间、送修故障、修理情况、换退货证明等项目。

第九条　生产者应当在销售区域范围内建立农机产品的维修网点，与修理者签订代理修理合同，依法约定农机产品三包责任等有关事项。

第十条　生产者应当保证农机产品停产后五年内继续提供零部件。

第十一条　生产者应当妥善处理农机用户的投诉、查询，提供服务，并在农忙季节及时处理各种农机产品三包问题。

第三章　销售者的义务

第十二条　销售者应当执行进货检查验收制度，严格审验生产者的经营资格，仔细验明农机产品合格证明、产品标识、产品使用说明书和三包凭证。对实施生产许可证管理、强制性产品认证管理的农机产品，应当验明生产许可证证书和生产许可证标志、认证证书和认证标志。

第十三条　销售者销售农机产品时，应当建立销售记录制度，并按照农机产品使用说明书告知以下内容：

（一）农机产品的用途、适用范围、性能等；

（二）农机产品主机与机具间的正确配置；

（三）农机产品已行驶的里程或已工作时间及

使用的状况。

第十四条　销售者交付农机产品时，应当符合下列要求：

（一）当面交验、试机；

（二）交付随附的工具、附件、备件；

（三）提供财政税务部门统一监制的购机发票、三包凭证、中文产品使用说明书及其它随附文件；

（四）明示农机产品三包有效期和三包方式；

（五）提供由生产者或销售者授权或委托的修理者的名称、联系地址和电话；

（六）在三包凭证上填写销售者有关信息；

（七）进行必要的操作、维护和安全注意事项的培训。

对于进口农机产品，还应当提供海关出具的货物进口证明和检验检疫机构出具的入境货物检验检疫证明。

第十五条　销售者可以同修理者签订代理修理合同，在合同中约定三包有效期内的修理责任以及在农忙季节及时排除各种农机产品故障的措施。

第十六条　销售者应当妥善处理农机产品质量问题的咨询、查询和投诉。

第四章　修理者的义务

第十七条　修理者应当与生产者或销售者订立

代理修理合同，按照合同的约定，保证修理费用和
维修零部件用于三包有效期内的修理。

代理修理合同应当约定生产者或销售者提供的
维修技术资料、技术培训、维修零部件、维修费、
运输费等。

第十八条　修理者应当承担三包期内的属于本
规定范围内免费修理业务，按照合同接受生产者、
销售者的监督检查。

第十九条　修理者应当严格执行零部件的进货
检查验收制度，不得使用质量不合格的零部件，认
真做好维修记录，记录修理前的故障和修理后的产
品质量状况。

第二十条　修理者应当完整、真实、清晰地填
写修理记录。修理记录内容应当包括送修时间、送
修故障、检查结果、故障原因分析、维护和修理项
目、材料费和工时费，以及运输费、农机用户签名
等；有行驶里程的，应当注明。

第二十一条　修理者应当向农机用户当面交验
修理后的农机产品及修理记录，试机运行正常后交
付其使用，并保证在维修质量保证期内正常使用。

第二十二条　修理者应当保持常用维修零部件
的合理储备，确保维修工作的正常进行，避免因缺
少维修零部件而延误维修时间。农忙季节应当有及
时排除农机产品故障的能力和措施。

第二十三条　修理者应当积极开展上门修理和电话咨询服务，妥善处理农机用户关于修理的查询和修理质量的投诉。

第五章　农机产品三包责任

第二十四条　农机产品的三包有效期自销售者开具购机发票之日起计算，三包有效期包括整机三包有效期，主要部件质量保证期，易损件和其它零部件的质量保证期。

内燃机、拖拉机、联合收割机、插秧机的整机三包有效期及其主要部件的质量保证期应当不少于本规定附件1规定的时间。内燃机单机作为商品出售给农机用户的，计为整机，其包含的主要零部件由生产者明示在三包凭证上。拖拉机、联合收割机、插秧机的主要部件由生产者明示在三包凭证上。

其他农机产品的整机三包有效期及其主要部件或系统的名称和质量保证期，由生产者明示在三包凭证上，且有效期不得少于一年。

内燃机作为农机产品配套动力的，其三包有效期和主要部件的质量保证期按农机产品的整机的三包有效期和主要部件质量保证期执行。

农机产品的易损件及其它零部件的质量保证期达不到整机三包有效期的，其所属的部件或系统的名称和合理的质量保证期由生产者明示在三包凭证上。

第二十五条　农机用户丢失三包凭证，但能证明其所购农机产品在三包有效期内的，可以向销售者申请补办三包凭证，并依照本规定继续享受有关权利。销售者应当在接到农机用户申请后 10 个工作日内予以补办。销售者、生产者、修理者不得拒绝承担三包责任。

由于销售者的原因，购机发票或三包凭证上的农机产品品牌、型号等与要求三包的农机产品不符的，销售者不得拒绝履行三包责任。

在三包有效期内发生所有权转移的，三包凭证和购机发票随之转移，农机用户凭原始三包凭证和购机发票继续享有三包权利。

第二十六条　三包有效期内，农机产品出现质量问题，农机用户凭三包凭证在指定的或者约定的修理者处进行免费修理，维修产生的工时费、材料费及合理的运输费等由三包责任人承担；符合本规定换货、退货条件，农机用户要求换货、退货的，凭三包凭证、修理记录、购机发票更换、退货；因质量问题给农机用户造成损失的，销售者应当依法负责赔偿相应的损失。

第二十七条　三包有效期内，农机产品存在本规定范围的质量问题的，修理者一般应当自送修之日起 30 个工作日内完成修理工作，并保证正常使用。

第二十八条 三包有效期内，送修的农机产品自送修之日起超过 30 个工作日未修好，农机用户可以选择继续修理或换货。要求换货的，销售者应当凭三包凭证、维护和修理记录、购机发票免费更换同型号同规格的产品。

第二十九条 三包有效期内，农机产品因出现同一严重质量问题，累计修理 2 次后仍出现同一质量问题无法正常使用的；或农机产品购机的第一个作业季开始 30 日内，除因易损件外，农机产品因同一一般质量问题累计修理 2 次后，又出现同一质量问题的，农机用户可以凭三包凭证、维护和修理记录、购机发票，选择更换相关的主要部件或系统，由销售者负责免费更换。

第三十条 三包有效期内或农机产品购机的第一个作业季开始 30 日内，农机产品因本规定第二十九条的规定更换主要部件或系统后，又出现相同质量问题，农机用户可以选择换货，由销售者负责免费更换；换货后仍然出现相同质量问题的，农机用户可以选择退货，由销售者负责免费退货。

第三十一条 三包有效期内，符合本规定更换主要部件的条件或换货条件的，销售者应当提供新的、合格的主要部件或整机产品，并更新三包凭证，更换后的主要部件的质量保证期或更换后的整机产品的三包有效期自更换之日起重新计算。

符合退货条件或因销售者无同型号同规格产品予以换货，农机用户要求退货的，销售者应当按照购机发票金额全价一次退清货款。

第三十二条　因生产者、销售者未明确告知农机产品的适用范围而导致农机产品不能正常作业的，农机用户在农机产品购机的第一个作业季开始30日内可以凭三包凭证和购机发票选择退货，由销售者负责按照购机发票金额全价退款。

第三十三条　整机三包有效期内，联合收割机、拖拉机、播种机、插秧机等产品在农忙作业季节出现质量问题的，在服务网点范围内，属于整机或主要部件的，修理者应当在接到报修后3日内予以排除；属于易损件或是其他零件的质量问题的，应当在接到报修后1日内予以排除。在服务网点范围外的，农忙季节出现的故障修理由销售者与农机用户协商。

国家鼓励农机产品生产者、销售者、修理者农忙时期开展现场的有关售后服务活动。

第三十四条　三包有效期内，销售者不履行三包义务的，或者农机产品需要进行质量检验或鉴定的，三包有效期自农机用户的请求之日起中止计算，三包有效期按照中止的天数延长；造成直接损失的，应当依法赔偿。

第六章　责任免除

第三十五条　农机用户应当按照有关规定和农机产品的使用说明书进行操作或使用。

第三十六条　赠送的农机产品，不得免除生产者、销售者和修理者依法应当承担的三包责任。

第三十七条　销售者、生产者、修理者能够证明发生下列情况之一的，不承担三包责任：

（一）农机用户无法证明该农机产品在三包有效期内的；

（二）产品超出三包有效期的。

第三十八条　销售者、生产者、修理者能够证明发生下列情况之一的，对于所涉及部分，不承担三包责任：

（一）因未按照使用说明书要求正确使用、维护，造成损坏的；

（二）使用说明书中明示不得改装、拆卸，而自行改装、拆卸改变机器性能或者造成损坏的；

（三）发生故障后，农机用户自行处置不当造成对故障原因无法做出技术鉴定的；

（四）因非产品质量原因发生其他人为损坏的；

（五）因不可抗力造成损坏的。

第七章　争议处理

第三十九条　产品质量监督部门、工商行政管理部门、农业机械化主管部门应当认真履行三包有关质量问题监管职责。

生产者未按照本规定第二十四条履行明示义务的，或通过明示内容有意规避责任的，由产品质量监督部门依法予以处理。

销售者未按照本规定履行三包义务的，由工商行政管理部门依法予以处理。

维修者未按照本规定履行三包义务的，由农业机械化主管部门依法予以处理。

第四十条　农机用户因三包责任问题与销售者、生产者、修理者发生纠纷的，可以按照公平、诚实、信用的原则进行协商解决。

协商不能解决的，农机用户可以向当地工商行政管理部门、产品质量监督部门或者农业机械化主管部门设立的投诉机构进行投诉，或者依法向消费者权益保护组织等反映情况，当事人要求调解的，可以调解解决。

第四十一条　因三包责任问题协商或调解不成的，农机用户可以依照《中华人民共和国仲裁法》的规定申请仲裁，也可以直接向人民法院起诉。

第四十二条　需要进行质量检验或者鉴定的，

农机用户可以委托依法取得资质的农机产品质量检验机构进行质量检验或者鉴定。

质量检验或者鉴定所需费用按照法律、法规的规定或者双方约定的办法解决。

第八章　附则

第四十三条　本规定下列用语的含义：

本规定所称质量问题，是指在合理使用的情况下，农机产品的使用性能不符合产品使用说明中明示的状况；或者农机产品不具备应当具备的使用性能；或者农机产品不符合生产者在农机或其包装上注明执行的产品标准。质量问题包括：

（一）严重质量问题，是指农机产品的重要性能严重下降，超过有关标准要求或明示的范围；或者农机产品主要部件报废或修理费用较高，必须更换的；或者正常使用的情况下农机产品自身出现故障影响人身安全的质量问题。

（二）一般质量问题，是指除严重质量问题外的其他质量问题，包括易损件的质量问题，但不包括农机用户按照农机产品使用说明书的维修、保养、调整或检修方法能用随机工具可以排除的轻度故障。

内燃机、拖拉机、联合收割机、插秧机严重质量问题见本规定附件2。

本规定所称农业机械产品用户（简称农机用户），是指为从事农业生产活动购买、使用农机产品的公民、法人和其他经济组织。

本规定所称生产者，是指生产、装配及改装农机产品的企业。农机产品的供货商或进口者视同生产者承担相应的三包责任。

本规定所称销售者，是指以其名义向农机用户直接交付农机产品并收取货款、开具购机发票的单位或者个人。生产者直接向农机用户销售农机产品的视同本规定中的销售者。

本规定所称修理者，是指与生产者或销售者订立代理修理合同，在三包有效期内，为农机用户提供农机产品维护、修理的单位或者个人。

第四十四条　农机产品因用于非农业生产活动而出现的质量问题符合法律规定的有关修理、更换或退货条件的，可以参照本规定执行。

第四十五条　本规定由国家质量监督检验检疫总局、国家工商行政管理总局、农业部、工业和信息化部按职责分工负责解释。

第四十六条　本规定自2010年6月1日起施行。1998年3月12日原国家经济贸易委员会、国家技术监督局、国家工商行政管理局、国内贸易部、机械工业部、农业部发布的《农业机械产品修理、更换、退货责任规定》（国经贸质〔1998〕123号）

同时废止。

附件1　内燃机、拖拉机、联合收割机、插秧机整机
的三包有效期以及主要部件的名称、质量保证期

一、内燃机：（指内燃机作为商品出售给农机用
户的）

1. 整机三包有效期

① 柴油机：多缸 1 年、单缸 9 个月

② 汽油机：二冲程 3 个月、四冲程 6 个月

2. 主要部件质量保证期

① 柴油机：多缸 2 年、单缸 1.5 年

② 汽油机：二冲程 6 个月、四冲程 1 年

3. 主要部件应当包括：内燃机机体、气缸盖、
飞轮等。

二、拖拉机：

1. 整机三包有效期

大、中型拖拉机（18 千瓦以上）1 年，小型拖
拉机 9 个月

2. 主要部件质量保证期

大、中型拖拉机 2 年，小型拖拉机 1.5 年

3. 主要部件应当包括：内燃机机体、气缸盖、
飞轮、机架、变速箱箱体、半轴壳体、转向器壳
体、差速器壳体、最终传动箱箱体、制动毂、牵引
板、提升壳体等。

三、联合收割机：

1. 整机三包有效期：1 年

2. 主要部件质量保证期：2 年

3. 主要部件应当包括：内燃机机体、气缸盖、飞轮、机架、变速箱箱体、离合器壳体、转向机、最终传动齿轮箱体等。

四、插秧机：

1. 整机三包有效期：1 年

2. 主要部件质量保证期：2 年

3. 主要部件应当包括：机架、变速箱箱体、传动箱箱体、插植臂、发动机机体、气缸盖、曲轴等。

附件2　内燃机、拖拉机、联合收割机、
插秧机严重质量问题表

名称		严重质量问题	序号
内 燃 机	内燃机 机体	飞车导致发动机严重损坏	1
		裂纹、引起渗漏的砂眼、疏松、强力螺栓孔滑扣等损坏	2
	气缸盖	裂纹、损坏	3
	飞轮壳	裂纹	4
	气缸套	裂纹、断裂	5
	曲轴	断裂、键槽开裂	6
	平衡轴	断裂造成发动机严重损坏	7
	连杆、连杆盖	断裂	8
	连杆螺栓	断裂	9
	活塞销	断裂	10

（续）

名称		严重质量问题	序号
内燃机	飞轮	破裂	11
	进、排气门	断裂造成发动机损坏	12
	气门弹簧	断裂造成发动机损坏	13
	凸轮轴	断裂	14
	水泵	损坏导致发动机过热损坏	15
	机油泵	损坏导致发动机缺油拉缸抱瓦	16
拖拉机	机架	断裂、严重变形	1
	前桥	损坏	2
	变速箱	总成报废（多个重要零件损坏）	3
	后桥	总成报废（多个重要零件损坏）	4
	变速箱	脱档或乱档多次发生	5
	离合器壳	裂纹或损坏	6
	变速箱箱体	裂纹或损坏	7
	半轴壳体	裂纹或损坏	8
	最终传动箱箱体	裂纹或损坏	9
	轮轴	损坏或裂纹	10
	悬架	损坏或裂纹	11
	转向臂	损坏或裂纹	12
	制动毂	损坏或裂纹	13
	贮气筒	损坏	14
	牵引装置	损坏	15
	柴油机部分	故障与内燃机严重质量问题表同	16

（续）

名称		严重质量问题	序号
联合收割机	机架	裂纹、严重变形	1
	割台	严重变形	2
	割台输送螺旋半轴	断裂	3
	钉齿滚筒齿杆	断损	4
	滚筒辐盘	损坏导致脱粒机体损坏	5
	逐稿器键簧	断损	6
	逐稿器曲轴	断损	7
	滚筒无级变速盘	损坏	8
	纹杆螺栓	导致脱粒机体损坏	9
	离合器壳体	破损	10
	传动（分动）箱	损坏	11
	变速箱箱体	裂纹	12
	差速器壳体	裂纹	13
	最终传动壳体	损坏	14
	半轴	断损	15
	驱动轮轮辋	裂损导致轮胎爆裂、损坏	16
	驱动轮轮胎	脱落	17
	柴油机部分	故障与内燃机严重质量问题表同	18
插秧机	机架	断裂、严重变形	1
	变速箱	乱档、脱档	2
	变速箱箱体	裂纹	3
	传动箱	裂纹、损坏	4
	轴承座	损坏	5
	插植臂	裂纹、损坏	6
	秧箱	损坏、严重变形	7
	输入轴	断损	8
	输出轴	断损	9
	仿形机构	功能失效	10
	液压系统	功能失效	11
	发动机部分	故障与内燃机严重质量问题表同	12

参考文献

［1］李适时. 中华人民共和国消费者权益保护法释义：最新修正版［M］. 北京：法律出版社，2013.